AF464242

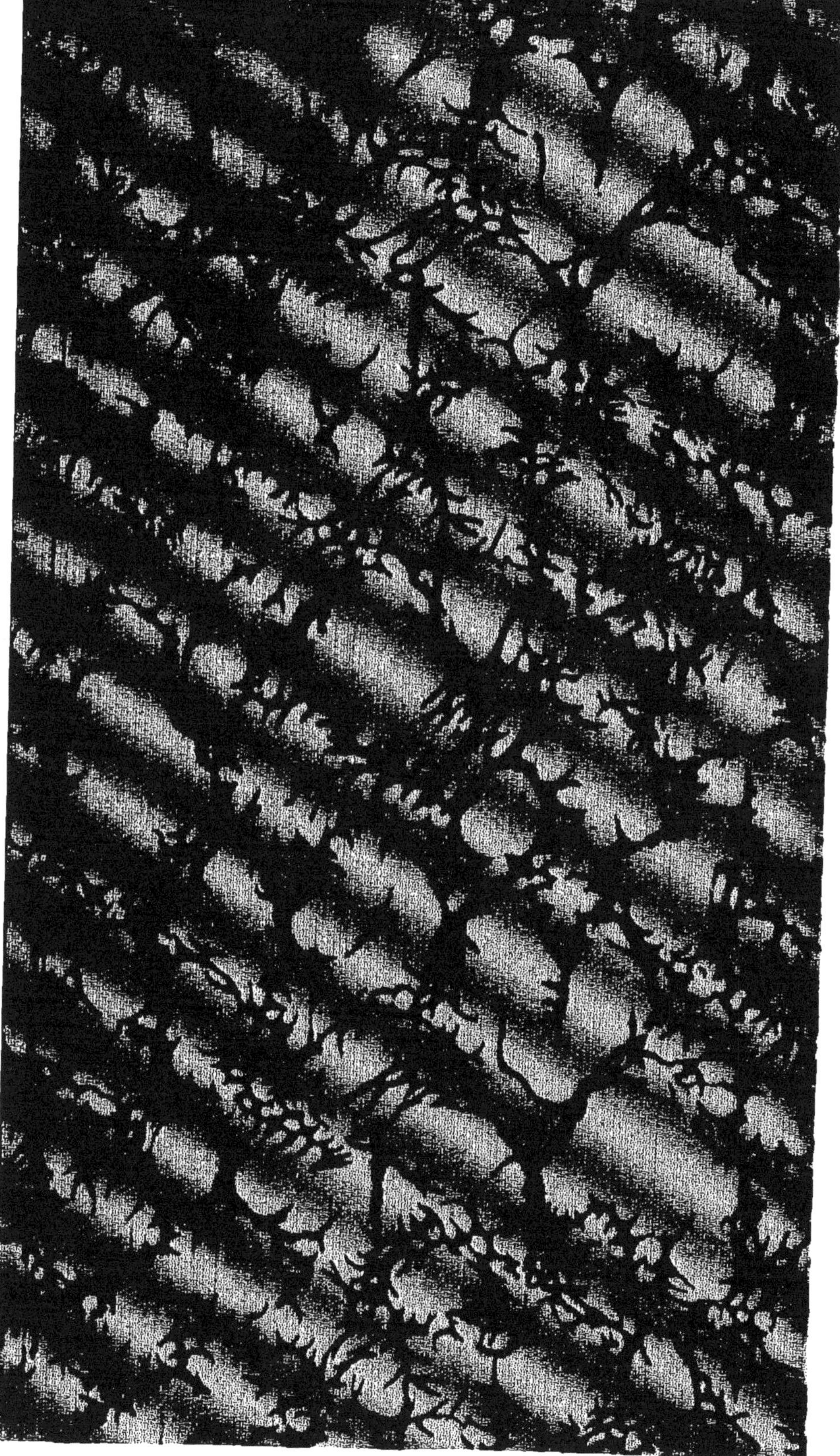

G. LANDAIS

IMPRESSIONS

de

Deux Voyages en Tunisie

1889-1893

SUIVIES D'UNE ÉTUDE GÉNÉRALE SUR LA RÉGENCE
ET SUR LES BIENFAITS DU PROTECTORAT

PARIS
GEORGES CARRÉ ET C. NAUD, ÉDITEURS
3, RUE RACINE, 3
1897

IMPRESSIONS

DE

DEUX VOYAGES EN TUNISIE

CHARTRES. — IMPRIMERIE DURAND, RUE FULBERT

G. LANDAIS

IMPRESSIONS

de

Deux Voyages en Tunisie

1889-1893

SUIVIES D'UNE ÉTUDE GÉNÉRALE SUR LA RÉGENCE
ET SUR LES BIENFAITS DU PROTECTORAT

PARIS
GEORGES CARRÉ ET C. NAUD, ÉDITEURS
3, RUE RACINE, 3
1897

A MONSIEUR RENÉ MILLET

MINISTRE PLÉNIPOTENTIAIRE

RÉSIDENT GÉNÉRAL DE FRANCE, A TUNIS

MONSIEUR LE RÉSIDENT GÉNÉRAL,

Permettez-moi, en qualité d'ancien collègue dans l'administration préfectorale, et en souvenir de nos bonnes relations d'autrefois, de vous dédier ces quelques impressions de voyage et cette modeste étude sur la Tunisie que j'ai eu la bonne fortune de parcourir à deux reprises différentes, en 1889 *et* 1893.

Mon premier voyage consista principalement dans la visite des côtes, avec arrêt assez prolongé à Tunis, Sousse, Kairouan et Gabès, pour de là continuer ma route vers Tripoli, Malte et la Sicile.

Mon second voyage, au contraire, fut consacré à l'exploration de l'intérieur de la Régence, à la recherche des antiquités romaines et après avoir passé en revue les ruines les plus importantes de Dougga, Béja, Oudna, Zaghouan, Uzappa et Maktar, je gagnai la Kroumirie, en passant par le Kef, Souk-el-Arba et Aïn-Draham. Enfin j'arrivai à barka et revins sur mes pas, me dirigeant ensuite vers C tantine, Biskra, Bou-Saâda et Touggourt.

Je suis heureux, Monsieur le Résident général, que occasion me soit donnée de me rapprocher de vous, aprè longues années de séparation, et je vous prie d'agréer l'exp sion de mes sentiments de haute considération et d'affecti dévouement.

Georges LANDAIS,

Avocat, ancien conseiller de Préfectu

IMPRESSIONS

DE

DEUX VOYAGES EN TUNISIE

PREMIER VOYAGE EN TUNISIE.

Départ de Paris, le 14 février 1889.

Depuis quelques années, déjà, je caressais le rêve d'aller isiter la Tunisie, pays encore nouveau, et peu exploré, et e compléter, ainsi, la série de mes voyages en Afrique.

Je quittai donc Paris le 14 février 1889, laissant La popuation encore agitée par les récentes élections du général oulanger. Dans le trajet de mon domicile à la gare, je jetai n dernier regard sur les milliers d'affiches de toute couleur t les proclamations tapageuses des comités dont quelquesnes atteignaient jusqu'au troisième étage des maisons. 'éprouvai un véritable soulagement, en m'éloignant de la apitale, à l'idée seule de ne plus entendre, pendant quelques emaines, les cris assourdissants des camelots et leurs omplaintes.

Mon voyage s'effectua, sans encombre, jusqu'à Mareille où je m'embarquai, le lendemain soir, pour la Gouette. La traversée fut assez calme, pendant la première uit, mais la mer devint très mauvaise quand nous fûmes en ue de la Sardaigne. Malgré cela, je fis contre mauvaise forune bon cœur, et j'arrivais, le matin du second jour, en vue e Tunis. Dès sept heures, j'étais sur le pont où je commence à apercevoir les côtes qui se dessinent à travers la brume. Le soleil ne tarde pas à se lever et à dissiper les nuages. Je vois alors apparaître le cap Carthage, dominé par le blanc village de Sidi-Bou-Saïd; à droite, la colline de Byrsa et la chapelle Saint-Louis; puis voici Tunis au bord de son lac et, dans le lointain, la montagne du Zaghouan et le cap Bon. C'est un spectacle de toute beauté.

Je débarque quelques instants après, et je trouve le frère d'un de mes bons amis, M. R....., ingénieur à Tunis, qui est venu très gracieusement au-devant de moi. Nous gagnons ensemble Tunis, par le chemin de fer de la Marsa, et après un repos de quelques heures, je passai mon après-midi à visiter les principaux quartiers de la ville européenne et de la ville arabe dans laquelle un étranger éprouve quelque difficulté à s'orienter, au début.

Rentré de bonne heure à l'hôtel, je parcours, dans un livre, l'histoire de Tunis dont voici le résumé succinct:

Tunis ou Thunès, chez les anciens, n'était, paraît-il, qu'un hameau, alors que Carthage était si florissante. C'est depuis la destruction de cette ville que Tunis aurait pris une certaine importance. Au ve siècle, elle tomba au pouvoir des vandales. Elle redevint ensuite prospère, sous les Maures, au XIIIe siècle. Plus tard, les Normands s'en emparèrent, mais ils furent chassés par Abd-el-Moumen. Enfin, Tunis devint célèbre, lors de la dernière croisade. Saint Louis fut atteint de la peste noire, au siège de cette place, en 1270, et c'est près de l'endroit où il mourut, qu'une chapelle a été érigée. C'est aussi en 1535 que Charles-Quint prit le port de la Goulette défendu par Barberousse. Les Espagnols furent chassés à leur tour de cette ville en 1574.

Ma première visite du lendemain devait être pour Carthage dont le nom seul éveillait, en mon esprit, tant de souvenirs. Mon intention n'est pas d'étudier ici, en détail, les ruines, ou, pour mieux dire, les quelques débris de cette cité jadis si prospère, me réservant de le faire, dans une étude ultérieure. Je n'essaierai pas, non plus, de retracer tous les faits héroïques dont cette ville fut le théâtre et qui appartiennent à l'histoire. Je chercherai simplement, aujourd'hui, comme tant d'autres l'ont fait avant moi, à m'orienter au milieu de cette vaste solitude et de ce terrain vague et désolé. M. R..., ingénieur, a tenu à m'accompagner dans cette première excursion.

Arrivant à Carthage, par le chemin de fer, la vue est frappée, tout d'abord, par la cathédrale élevée sur le sommet du coteau. Ce monument, de style byzantin, est l'œuvre de M. l'abbé Pougnet, architecte de l'église Saint-Vincent de Paul, à Marseille. Mgr de Lavignerie en fut le fondateur et en posa la première pierre, en 1884. Cette cathédrale bâtie, dit-on, sur l'emplacement d'anciens monuments romains est d'un aspect grandiose et imposant. On peut reprocher, à l'intérieur, l'emploi de couleurs trop ardentes, mais qui sont, aussi, dans le caractère du style arabe. Derrière cet édifice s'élève une chapelle construite en 1845 et qui resta très longtemps inachevée. On peut lire, au-dessus de la porte, l'inscription suivante : « Louis-Philippe Ier, roi des Français, a érigé ce monument sur la place où expira le roi saint Louis, son aïeul. » L'intérieur est assez dénudé. On n'y voit guère qu'une statue de saint Louis, avec la tête couronnée. Devant cette chapelle se trouvent quelques pans de murs auxquels on attribue différentes origines. Certains archéologues prétendent que ce sont les restes d'un temple d'Esculape ; d'autres, ceux du palais du proconsul romain. On y a découvert aussi des colonnes de marbre et des fresques ayant trait à l'histoire de la croisade et de la vie de saint Louis. Près de là, se trouve une nécropole punique, l'emplacement du forum, puis, un peu plus loin, une maison byzantine et un cimetière musulman. Enfin, le musée de Carthage ou de saint Louis renferme une importante collection de statues, de monnaies, de boulets turcs et d'inscriptions de toute sorte. Il faut encore y ajouter des moules, des vases et poteries antiques, principalement, de l'époque punique. La découverte de la plupart de ces antiquités est due aux recherches du père Delattre sous la haute direction duquel ce musée a été placé. Un catalogue renferme des détails bien plus complets, très précieux pour les touristes, mais qu'il serait trop long d'énumérer ici.

En sortant du musée, nous dirigeons nos pas vers les Thermes et les citernes communiquant ensemble par un long aqueduc. Ces citernes se composent d'immenses bassins dont les murs comptent environ 30 mètres de longueur. Au moment où nous les parcourons, un des ouvriers occupés à leur restauration fait jaillir du sol, avec sa pioche, quelques menues pièces de monnaie que nous portons, M. R... et moi, au musée de Carthage, très heureux, pour ma part, d'avoir assisté à cette découverte fortuite dont j'ai gardé fidèlement le souvenir. Après avoir parcouru les ruines appelées Bains de Didon et celles de la basilique de Damous-el-Karita, nous gagnons l'amphithéâtre qui, s'il faut en croire les légendes, tenait lieu de prisons aux martyrs. On distingue encore la forme du cirque. Nous nous rendons ensuite au village de la

Malga, dont les anciennes citernes, d'aspect très pittoresque, servent, aujourd'hui, d'habitations aux bergers. Enfin, nous terminons notre visite par la villa de Scorpianus et le cimetière des officiales.

Comme il nous restait quelques heures avant la nuit, nous dirigeons nos pas vers la Marsa, résidence de S. A. le Bey de Tunis, puis, nous montons jusqu'à Sidi-Bou-Saïd, très curieux village bâti à flanc de côteau, dominant la mer et d'où l'on jouit du plus magnifique panorama sur Carthage, Tunis et le cap Bon. Nous regagnons de là Tunis où je prends congé de mon aimable guide qui me promet de revenir me prendre le lendemain matin.

Ma seconde journée fut consacrée à la visite de Tunis, mais, plus spécialement, de la ville arabe dans laquelle se coudoient les races de tous les pays. On y parle, aussi, toutes les langues, comme on y rencontre les types les plus variés et les costumes les plus originaux. Le quartier arabe s'étend, d'abord, sur un terrain plat et s'étage, ensuite, sur une colline peu élevée que surmonte la Kasbah. Les rues en sont étroites, sinueuses et présentent, par-là même, un côté très pittoresque, mais, parmi les principales curiosités de Tunis, il convient de citer, avant tout, ses souks ou bazars situés sous des voûtes où le soleil a peine à pénétrer. C'est là que se trouvent réunies les principales branches de l'industrie tunisienne. On y voit, en entrant, le souk des parfums qui attire l'œil par ses piliers bariolés et ses échoppes multicolores. Là se vendent des essences de toute nature, de géranium, de rose, de jasmin, ainsi que de la poudre de henné dont les femmes se colorent l'extrémité des doigts. Après le souk des parfums, viennent : le souk des tailleurs, rempli de vêtements brodés d'or et d'argent, de vestes, de gandouras plus ou moins bigarrées ; le souk des tissus et étoffes, celui des libraires, des selliers, des armes, des cuivres, etc., etc. Toutes ces différentes boutiques offrent un intérêt et méritent une visite, ainsi que les rues voisines où règne une animation des plus grandes, surtout dans la matinée. Chaque indigène parcourt les rues, vendant sa marchandise et l'adjugeant au plus offrant.

Après une longue station à chacun de ces souks, nous allons visiter le quartier juif non moins curieux que le quartier arabe, me promettant pour ma part d'y revenir, un jour de fête, afin d'y jouir de la vue des costumes plus ou moins luxueux que les israélites exhibent en pareille circonstance. Nous poursuivons notre course jusqu'à la place de la Kasbah où l'on remarque le palais du bey dans lequel sont installés les bureaux du gouvernement tunisien. Nous visitons la Kasbah, ancienne citadelle servant aujourd'hui de caserne, comme celle d'Alger, et nous atteignons la porte du Dar-el-Bey près de laquelle se trouve le square de la Kasbah.

Cette longue excursion dans la ville arabe nous occupa jusqu'à midi. Je rendis la liberté à M. R....., et je parcourus, seul, dans l'après-midi, la ville européenne.

Disons, de suite, qu'elle renferme peu de curiosités. L'avenue de la marine en est la principale artère. C'est là que se trouve l'hôtel de la Résidence générale. Cette avenue est traversée par l'avenue de Carthage et le boulevard de Paris qui aboutit, aujourd'hui, au jardin du belvédère. On découvre, de ce jardin, une très jolie vue sur la Goulette, le lac Bahira, Sidi-Bou-Saïd et Carthage ; d'un autre côté, sur

Hammam-lif, et sur toute la ville de Tunis, au pied de la colline on distingue principalement le minaret de Sidi-Yousef, avec sa toiture verte et étincelante, les mosquées Halfaouine, de Sidi-Ben-Arouz, et la tour carrée de la grande mosquée qui domine toutes les maisons. — On aperçoit plus loin, l'aqueduc du Bardo. — A part le jardin du Belvédère et un autre jardin appartenant à la compagnie de Bône-Guelma, il n'existe guère à Tunis d'autre promenade digne d'être citée. Après avoir rejoint l'avenue de la marine, je retrouve par hasard mon compagnon, M. R....., qui se dirige vers les travaux du nouveau port, dont il m'explique tous les détails techniques, avec sa compétence d'ingénieur. Nous rentrons ensemble en ville et parcourons les différents quartiers de Bab-Dzira, de Bab-Souika où je remarque, surtout, la mosquée de la place Halfaouine déjà citée. Sur cette place règne une animation extraordinaire. Disons, en terminant la visite du quartier européen, qu'on n'y trouve guère comme monument, que la cathédrale. Il faut y ajouter, aujourd'hui, le nouvel hôtel des Postes, inauguré en 1891. Je serre la main de mon compagnon, en le remerciant de toutes ses attentions, et le priant de ne pas se déranger le lendemain.

Attiré, malgré moi, par le spectacle toujours varié de la ville arabe, je passe ma matinée du troisième jour à parcourir les rues que je n'avais pas explorées la veille. Je me dirige vers la mosquée du Dar-el-Bey. Je vois, en passant, le minaret de Sidi-Bén-Arouz, les différents marabouts et minarets disséminés dans la ville, les mosquées de la rue des libraires, de Djama-el-Ksar et de Sidi-Mahrès ; cette dernière est couronnée de nombreuses coupoles. L'entrée des mosquées de Tunis étant formellement interdite aux chrétiens, il me fallut renoncer au désir de les visiter.

L'après-midi, muni d'une autorisation que m'adresse très aimablement M. Massicault, Résident général, je vais visiter le Bardo et non loin de là Ksar-Saïd. Après avoir franchi l'aqueduc espagnol, j'arrive à l'ancien palais des Beys, actuellement inhabité, mais où S. A. le Bey régnant rend encore la justice. Ce palais auquel on accédait autrefois, en passant au milieu de maisons assez pauvres, n'a rien de particulièrement remarquable, extérieurement, mais l'intérieur mérite une visite. On pénètre d'abord dans une cour, d'un aspect triste, entourée de murs très hauts, pour arriver, par une seconde cour pavée de marbres, à l'entrée de l'ancien harem. Après avoir traversé une galerie où l'on voit le fauteuil du Bey, on atteint une salle où le Bey accorde ses audiences. Citons, en passant, un joli escalier appelé escalier des lions, la salle des fêtes qui renferme un grand nombre de mosaïques, et un musée qui doit être ouvert aujourd'hui. Je quitte le Bardo pour aller visiter le palais de K'sar-Saïd qui m'intéresse d'autant plus que je connais le général Bréart qui signa, dans une des salles, le traité du 12 mai 1881. Je rentre de bonne heure à Tunis, devant assister, ce soir-là, à une séance d'aïssaouas.

Je me borne, le quatrième jour, à une promenade dans les souks, et je parcours, plus spécialement, le souk des cuivres, le souk des armes, le souk des teinturiers, le souk el Grana, et le souk-el-Bey. Le souk des teinturiers me frappa avant tous les autres, par ses immenses amphores et son large puits. Je remarquai, dans le quartier de Médina, le café et les bains maures, les boutiques des barbiers où les

Fig. 1. — Vue du golfe de Tunis et de Sidi-bou-Saïd.

(Gravure extraite de la *Revue Générale des Sciences*).

patients attendent derrière des filets, le moment de l'opération soit de la coupe des cheveux, soit de la saignée que le barbier pratique, à ses heures. Je suis frappé aussi par les installations des notaires indigènes, assis les jambes croisées, auprès de leur table.

Je retourne ensuite dans le quartier juif où je rencontre des femmes d'une véritable beauté que dépare, toutefois, l'embonpoint exagéré qu'elles atteignent. Il est d'usage, en effet, à Tunis, de soumettre la femme israélite à un véritable empâtement en vue du mariage. Après une excursion assez longue dans ces différents quartiers, mon ami M. R... vient me rejoindre, ainsi qu'il avait été convenu. Un mariage a lieu, précisément, dans une famille juive très fortunée et M. R... est convié à la cérémonie. Il me présente aux parents des jeunes époux qui me font un excellent accueil. On me prie même de prendre place à côté de la mariée, pendant le dîner, et là, j'assiste à une étude de mœurs des plus curieuse. La cérémonie a lieu, selon l'usage, dans la maison du jeune homme. Les époux s'asseoient à la table, et, devant eux, est placé un gros cierge allumé, autour duquel figurent des assiettes garnies de radis, d'olives et autres fruits. On m'offre une certaine liqueur blanche que j'accepte, pour la forme, et le dîner commence. M. R... s'excuse de ne pouvoir rester jusqu'à la fin du repas qui se prolonge et me promet de me reprendre le soir. La plupart des femmes ont des toilettes d'une véritable richesse, consistant en costumes de velours de différentes nuances, entièrement brodés d'or et d'argent. Après le dîner, elles rentrent dans leurs appartements, pour y revêtir une nouvelle toilette, et bientôt, la danse commence mais au son d'un violon tellement discordant que je ne puis résister au désir de prendre l'instrument et d'exécuter une polka qui cause une certaine hilarité parmi les invités. Mon ami arrive, sur ces entrefaites, et assiste, avec surprise, à l'ovation que la famille se plaît à me faire, devant lui. Nous nous retirons à une heure très avancée de la nuit, et je remercie cette famille de sa délicate attention pour moi.

N'ayant plus que deux jours à passer à Tunis, j'allai voir, dans la matinée du lendemain, M. le général Valensi qui m'avait promis de solliciter, en ma faveur, une audience de Mohammed Bey, fils aîné de S. A. le Bey de Tunis, que j'avais eu l'occasion d'accompagner, quelques années auparavant, lors de son voyage en France, et particulièrement, en Normandie. Mohammed Bey m'ayant fait promettre d'aller le voir à Tunis, je tenais à remplir l'engagement contracté envers lui. Le général Valensi m'apprit que cette audience m'était accordée pour le surlendemain, mais, ayant malheureusement arrêté mes projets de départ pour ce jour-là, je dus prier M. le général Valensi de faire ajourner mon audience. Il fut convenu qu'elle me serait accordée, à mon retour de Gabès et de Djerba.

L'après-midi, je retournai à La Marsa et à Sidi-Bou-Saïd que j'avais vus, imparfaitement, la première fois, et je gagnai, de là, La Goulette que j'avais à peine traversée, lors de mon arrivée. Je ressentis là une douloureuse émotion, à la vue des prisonniers enchaînés par les pieds, et faisant l'office de balayeurs des rues, sous l'œil vigilant d'un gardien. — On ne remarque guère, comme monuments à La Goulette, que la Forteresse devenue légendaire par le siège qu'elle eut à soutenir contre Charles-Quint. Les Espagnols s'en emparèrent ensuite, mais elle fut, depuis, démolie et reconstruite. On y voit des pièces de canon fort curieuses. Une partie de cette forteresse sert de prison aux condamnés. Il existe aussi, à la Goulette, deux palais des Beys, aujourd'hui abandonnés. Près de là se trouve l'arsenal en assez bon état de conservation.

Je rentre à Tunis, par le chemin de fer, et vais dîner chez mon ami R..., avec quelques ingénieurs. Nous projetons d'aller, le lendemain, promener à Hammam-Lif.

Hammam-Lif est une petite localité située à quinze ou seize kilomètres de Tunis et renommée pour ses eaux thermales. Elles ont la réputation d'être salutaires pour les affections rhumatismales et les scrofules. Un casino y attire, en été, les habitants de Tunis qui vont, aussi, respirer là l'air frais de la campagne. Nous y arrivons, le matin, vers dix heures, et nous faisons, avant le déjeuner, une longue promenade dans un immense bois d'oliviers. Nous déjeunons, très gaiement, et projetons de nous arrêter, au retour, quelques heures à Radès, village assez pittoresque qui se divise en deux parties : l'ancien village que l'on croit être l'antique maxula, l'autre, le Radès moderne. Nous rentrons de bonne heure à Tunis, car je dois prendre, le lendemain, le bateau de la Cie Florio Rubattino pour me rendre à Sousse. De là, je dois gagner Kairouan, Monastir, Mahdia, Sfax, Gabès et Djerba.

Je quitterai, ensuite, la Tunisie, pour visiter Tripoli, Malte et la Sicile, mais l'étude que je me propose d'écrire ne devant porter que sur la Régence, j'interromperai mon récit de voyage, à Djerba.

Je m'embarque donc, le 24 février, dans la soirée, pour

Sousse, après avoir fait, l'après-midi, quelques visites d'adieu et un dernier tour dans les bazars et la ville arabe dont j'ai grand'peine à me détacher. La traversée de Tunis à Sousse se faisant la nuit n'offre, par-là même, aucun intérêt. Le jour commence à poindre lorsque le bateau fait escale devant la ville, à environ un kilomètre. Je prends, pour m'y rendre, l'embarcation de la poste. — Comme je dois stationner à Sousse, un jour ou deux, et parcourir les environs avant de me rendre à Kairouan, je m'installe à l'hôtel où je prends connaissance de l'histoire de cette ville d'un aspect fort curieux et tout à fait moyen âge, avec ses murs crénelés et ses tourelles.

S'il faut en croire les écrivains, la fondation de Sousse remonterait au IXe siècle avant l'ère chrétienne et la ville portait, jadis, le nom de Hadrumètre. Ce serait là qu'Annibal aurait débarqué, avant de marcher contre Scipion et qu'il se serait réfugié, après avoir été battu à Zama. Cette ville fut, plus tard, mêlée aux guerres civiles et César s'en empara, après avoir été victorieux à Thapsus. Elle jouit alors d'une certaine prospérité sous l'empereur Justinien. Les murailles de la ville qui avaient été renversées par les vandales furent reconstruites. Enfin, Hadrumète s'appela, définitivement, Sousse, après être tombée, plusieurs fois, au pouvoir des Arabes, et l'origine de ce nom est toute une légende qui finit par s'accréditer. Il paraîtrait qu'Hadrumète se serait appelée Djohéra, qui signifie pierre précieuse, mais on raconte qu'un gouverneur de cette ville fit suspendre, au-dessus de la porte de Bab-el-Bahar, une perle fixée au bout d'un fil. Un habitant ayant remarqué que ce fil avait été coupé, pendant la nuit, en exprima sa surprise, en disant : « Il a dû être mangé par un ver (soussa dans la langue arabe) », d'où le nom de Sousse resté à la ville. — Sousse devint, plus tard, une ville forte, puis Roger de Sicile en fit le siège, en 1125. — En 1160, le sultan Abderhaman en chassa les chrétiens ; — au XVIe siècle, elle fut assiégée par les Espagnols qui s'en emparèrent. — En 1769, elle est bombardée par les Français. — Enfin, elle recouvre sa tranquillité, au moment de l'abolition de l'esclavage, en 1842. — Elle reste calme, au moment de l'insurrection du Sahel, en 1864, mais trois des insurgés principaux furent pendus ou passés par les armes, près la porte de Bab-el-Bahar. Telle est, à grands traits, l'histoire de Sousse aujourd'hui assez prospère et qui le deviendra bien plus encore, lorsque son port sera ouvert au commerce. Sa situation au milieu de plaines fertiles, au centre même de la Tunisie, lui assure un brillant avenir.

Je me mets en route, l'après-midi, pour visiter les principales curiosités de la ville: à l'entrée, on aperçoit encore les traces de l'ancien port appelé le Cothon. Il était dominé par deux môles qui le protégeaient. Ils sont désignés sous les noms de môles de la quarantaine et de pointe du môle. Près de là, existaient, paraît-il, deux monuments de proportions considérables, un amphithéâtre et un temple. En entrant dans l'enceinte de la ville, on distingue, aussitôt, la grande mosquée dont on fait remonter l'origine au IXe siècle de l'ère chrétienne. Toutefois, les matériaux de construction ne présentent pas le caractère antique que l'on pourrait supposer. Comme il était très difficile, alors, en Tunisie, de pénétrer dans les mosquées ouvertes, partout aux chrétiens, en Algérie, je dus renoncer à en visiter l'intérieur.

Je m'en consolai en allant parcourir les souks qui sont une réduction de ceux de Tunis. Je me dirigeai, de là, vers les ruines de citernes romaines assez bien conservées et vers une ancienne nécropole dont il reste encore quelques caveaux. En poursuivant ma route, j'arrive à l'ancien château de Ksar-er-Rebât. Il est entouré d'une épaisse muraille et sert aujourd'hui de maison de retraite. On pense que ce château était, jadis, une forteresse byzantine, à en juger par la forme même de sa construction. Il se compose de trois tours; mais une d'elles domine les autres de près de vingt mètres et présente une certaine élégance. L'intérieur mérite également d'être décrit. La porte d'entrée est en bois, recouverte de feuilles de bronze. Elle donne accès à un vestibule dans lequel on remarque d'anciennes colonnes. De là, on arrive dans une belle cour plantée d'arbres; autour de cette cour existent des cellules. Le monument est surmonté d'un minaret d'où l'on observait le pays, pendant les insurrections qui ont longtemps dévasté cette contrée. On en fait remonter l'origine à Ziadet-Allah qui aurait reconstruit la mosquée de Kairouan, mais les écrivains sont quelque peu en désaccord sur ce point.

Après cette journée bien remplie, je remets au lendemain, 26 février, la visite des remparts et des environs. Dès le matin, de très bonne heure, je fais le tour extérieur des murailles, en passant par le cimetière indigène où m'attirent des groupes de femmes vêtues de noir, contraste frappant avec les mauresques d'Alger entièrement vêtues de blanc. Ces costumes noirs sur les tombes blanches sont d'un aspect presque saisissant. Je visite, en détail, quelques souks où je remarque des bijoutiers arabes d'une extrême adresse. Ils sont occupés à monter des bagues et des bracelets avec des pierres plus ou moins précieuses et authentiques. Je consacre l'après-midi à parcourir certains villages dont quelques-uns sont très importants, celui de Hammam Soussa et de Kalaa-Kebira. Je rentre vers six heures du soir à Sousse, et boucle ma valise pour partir le lendemain.

Je prends donc, le 27, le petit chemin de fer Decauville pour Kairouan. Ce voyage prend la journée presque tout entière (environ six heures), et le trajet se fait à travers un pays de plaine assez monotone. Je n'arrive donc que tard à Kairouan, la ville sainte, mais il fait encore assez jour pour que je distingue, à l'arrivée, ses longs murs crénelés avec leurs tours rondes dominées par les minarets des mosquées. Kairouan, en effet, ne compte pas moins de 90 zaouïas et 80 mosquées. L'aspect de cette ville me rappelle Moscou et Kiew, villes saintes de Russie, avec leurs profusions de clochers et de coupoles.

Je m'installe à l'hôtel, et je cherche, le soir, à m'orienter dans les rues à peu près désertes.

Le 28, je suis debout à la première heure, et je me rends, directement, à la grande mosquée dont on a tant parlé, lors de l'occupation, comme ayant été violée par les Français! Il est vrai qu'avant leur arrivée, cette mosquée, aussi bien que la ville, était impitoyablement fermée à tout chrétien. Elle se compose, à l'intérieur, de dix-sept allées bordées de colonnes à arceaux, en très beau marbre. On y remarque, également, des boiseries qui sont une merveille de sculptures, et sur lesquelles s'appuie la chaire. S'il faut en croire la tradition, cette chaire serait en bois de platane envoyé, tout exprès, de Bagdad. Dans la cour, on voit, aussi, des colonnes formant portiques. On compte, paraît-il, dans la grande mosquée, 414 colonnes et on prétend que sa construction a coûté près de un million trois cent soixante mille francs. Les proportions en sont vraiment considérables.

En sortant de la mosquée, je ne puis résister au désir de faire l'ascension du minaret d'où l'on jouit d'un coup d'œil féerique. La ville émerge, comme par enchantement, au milieu d'une plaine déserte. On se demande quelle force humaine a pu amener là tous les matériaux nécessaires à la construction de ces remparts, de ces tours, de ces minarets! Là, c'est la mosquée du Barbier et celle de Sidi-amor-Abbada, avec toutes ses coupoles. Plus loin, la kasbah entourée de toutes ses maisons à terrasses sur lesquelles circule, déjà, une grande partie des habitants dans leurs costumes plus ou moins bariolés! Plus loin, encore, les cimetières me rappelant ceux de Scutari ou de Constantinople! On se trouve transporté comme dans un rêve des mille et une nuits! Au moment où je me disposais à descendre, j'entends la voix d'un muezzin appelant du haut d'une tour voisine les fidèles à la prière. L'émotion vous saisit malgré vous à cet appel plaintif.

Je me souviendrai toujours, me trouvant il y a quelques années, à Blidah, chez un de mes amis, juge en cette ville, avoir été réveillé un matin par les cris d'un muezzin qui m'émotionnèrent vivement.

La fenêtre de ma chambre était distante de trois ou quatre mètres seulement du minaret d'une mosquée, et sur le même plan que le sommet de cette tour.

Il faisait à peine jour lorsque je fus tiré du sommeil par une voix tellement vibrante et rapprochée, qu'elle semblait

FIG. 2. — Montagnes de Hammam-Lif.

(Gravure extraite de la *Revue Générale des Sciences*).

sortir de ma chambre. J'éprouvai, tout d'abord, comme une sorte de frisson, mais je me rendis compte bientôt que ce devait être un muezzin, et je courus à ma fenêtre. Là, j'aperçus comme un véritable fantôme gesticulant et criant aux fidèles, dans son langage :

« Levez-vous, levez-vous ! Ne dormez plus, c'est le « moment de faire le bien. La nuit s'est écoulée et les « étoiles ont disparu. Tous les muezzins appellent à la « prière ; vous ne vivrez pas éternellement, et celui qui a « vécu en impie reconnaîtra son erreur. Dieu seul est Dieu, « et Mahomet est son prophète ! »

On ne saurait définir l'impression que produit cette invitation à la prière, à la première clarté du matin.

Il était plus d'une heure de l'après-midi lorsque je rentrai déjeuner à l'hôtel, et j'en repartais dès trois heures, pour continuer à explorer la ville. J'étais encore sous l'impression de ma visite à la grande mosquée, lorsqu'en passant dans une rue étroite, j'en avisai une plus petite me paraissant fort curieuse. J'y entre sans autre formalité, en voyant la porte ouverte, mais à peine en avais-je franchi le seuil que je me sens saisi violemment au bras par un arabe, qui crie et se demène comme un forcené. Voyant qu'il continuait à me bousculer, je saisis mon parasol que j'avais à la main, lui en donne quelques bons coups, et il finit par lâcher prise. L'explication était simple. La grande mosquée seule était ouverte aux chrétiens, détail que j'ignorais absolument. Ce petit incident auquel un touriste est exposé, à chaque instant, en Afrique, ne m'empêcha pas de continuer ma route, ayant conservé, malgré cela, bon pied, bon œil, et riant de mon aventure. J'abandonnai, simplement, les mosquées

2

jusqu'au lendemain et me dirigeai vers les souks qui sont, comme partout, en Tunisie, une des curiosités du pays. Toutefois, l'industrie qui est la plus représentée, à Kairouan, est celle des tapis. On en voit de toutes les couleurs et de toutes les grandeurs, mais on est arrivé, là, comme partout ailleurs, à dénaturer cette fabrication. On emploie de mauvaises teintures qui ont quelque peu contribué à discréditer ces tapis, jadis si célèbres. Je rentre à l'hôtel, surpris par un orage qui dure sans interruption, pendant près de deux heures. Je raconte, alors, mon incident de la mosquée à des étrangers qui m'apprennent qu'il est facile d'obtenir des autorités tunisiennes la permission de visiter les autres mosquées. Je me propose de me mettre en règle, le lendemain matin. — Je vais passer ma soirée à une séance d'Aïssouas.

Nous sommes au 1er mars, et il est déjà facile de constater que les jours augmentent sensiblement. Dès 6 heures, le soleil se lève radieux, au milieu d'un ciel sans nuages. Je suis debout dès l'aube, et je vais jusqu'à la porte de Sousse revoir l'aspect des remparts. Je remonte en ville, en passant par les rues du général Logerot et du général Saussier, et je me rends au bureau de l'oukil, ou administrateur chargé d'accorder la permission de visiter les mosquées. Cette autosation m'est délivrée et je gagne directement la mosquée des Sabres, couronnée de cinq dômes d'un aspect majestueux. Elle est aussi désignée sous le nom de Si-amor-Abbada cité plus haut. Ce nom est celui d'un marabout qui n'était autre qu'un forgeron et qui fit élever cette mosquée, avec l'argent des fidèles. Puis, voulant, sans doute, que son nom passât à la postérité, il forgea d'immenses sabres sur lesquels il écrivit des maximes du Coran. La mosquée est peu intéressante à l'intérieur. On y voit seulement une chaire et quelques sculptures sans valeur. Ce qui frappe le plus, ce sont ces fourreaux de sabres en question et d'énormes chandeliers, fabriqués également par le marabout.

La mosquée des Trois-Portes n'offre d'intérêt que par son ancienneté et n'a rien de curieux à l'intérieur. Je me borne donc à la voir en passant, et je me dirige vers la mosquée du Barbier, située en dehors des portes. Sur ma route, je rencontre les bassins des Aghlabites dont quelques-uns ont été restaurés et servent de réservoirs d'eau pour alimenter la ville. On en attribue la construction primitive à Ziadet-Allah qui aurait aussi réédifié la grande mosquée.

J'arrive alors à la mosquée du Barbier, remarquable par l'ornementation de sa coupole qui est dentelée et à jour, ainsi que ses murs. Elle me rappelle l'alhambra de Grenade, par la finesse de ses sculptures. Cette mosquée a sa légende : On raconte que Abou-Jemmaa-el Beloui, nom du marabout qu'on y vénère, était le barbier du prophète, uniquement parce qu'il se fit enterrer avec une mèche de cheveux qu'il avait recueillie et qu'il disait tenir de Mahomet lui-même, au moment où ce dernier s'était fait raser la tête lors de son pèlerinage des adieux. Au milieu des drapeaux qui ornent le tombeau du susdit marabout, on voit l'étendard qui fut offert par Mustapha-Ben-Ismaïl, premier ministre du Bey, Mohammed-ès-Sadok, pour implorer du marabout la défaite des Français en 1881.

Comme il me restait quelques heures avant la nuit, je vais assister au coucher du soleil sur les remparts. Avant de quitter Kairouan, il me faut dire quelques mots sur son origine et son histoire. On attribue la construction de cette ville au général Okbah-ben-Amir, et, s'il faut en croire encore la légende, ce pays était auparavant un véritable repaire de bêtes fauves ; mais, Okbah fut aidé dans son œuvre par Dieu lui-même, qui lui indiqua, dans un songe, l'emplacement de la grande mosquée, et son orientation vers La Mecque, ce qui fit rentrer sous terre les serpents et les animaux de toute sorte qui avaient établi leur gîte en cet endroit. De là, la réputation de ville sainte attribuée à Kairouan. Depuis, la ville aurait été détruite plusieurs fois, et reconstruite par Ziadet-Allah, 821 après J.-C.

Actuellement, Kairouan n'a plus le même caractère sacré, depuis l'entrée des troupes françaises dans ses murs. Malgré cela, la ville a conservé son cachet arabe. Elle compte une population d'environ 25,000 âmes.

Le 2 mars au matin, je reprends la direction de Sousse, par la même voie du chemin de fer Decauville et j'y arrive vers 2 heures du soir. J'y séjourne jusqu'au lendemain matin, mon intention étant de prendre la diligence pour Monastir. Comme j'avais quelques heures à dépenser, je vais faire une excursion dans les bois d'oliviers qui entourent la ville, et je termine ma journée dans les souks où je fais quelques achats.

Je prends, le lendemain, la diligence pour Monastir, vers 7 heures du matin. Le trajet qui ne dure que 2 ou 3 heures est assez varié. On longe d'abord la mer et les jardins pendant un certain temps, puis on traverse un bois d'oliviers et de palmiers donnant un peu l'illusion d'une oasis. Le pays devient alors plus clairsemé et la route se poursuit entre des haies de cactus et de figuiers de barbarie. Enfin, après 20 kilomètres de trajet, on atteint Monastir dont les hautes murailles, comme celles de Sousse, présentent un aspect très original.

Monastir est une ville d'environ 6,000 habitants, et il suffit de quelques heures pour la visiter. Contrairement à Kairouan et à Sousse dont les rues sont étroites et sinueuses, les rues de Monastir sont larges et bien alignées. La kasbah qui est surmontée d'une tour très élevée offre quelque intérêt, en raison des souvenirs historiques qu'elle rappelle. D'après El-Bekri, l'écrivain arabe, cette kasbah serait, en effet, l'ancien monastère, autrement dit le rebât ou couvent, construit en l'an 796 de l'ère chrétienne par Hertéma ben aïen. Près de Monastir, on voit le château de la Karaïa, construit en vue de la mer. Il appartient, me dit-on, à un général de l'armée tunisienne.

Ayant terminé la visite de Monastir, dans la matinée, je vais, l'après-midi, promener en barque jusqu'aux îles Kourial situées à un kilomètre environ. Ces îles sont au nombre de trois : l'une porte le nom de Tounara ; l'autre s'appelle Djeziret-el-Hamam, et la troisième la Quarantaine. Dans cette dernière se trouvent des grottes très curieuses creusées par la mer, et achevées par la main de l'homme ; on fait remonter leur origine à l'époque phénicienne, mais il n'existe aucun document précis à cet égard.

Le 4 mars je quittais Monastir en compagnie d'un anglais descendu à mon hôtel, pour aller voir les ruines de Thapsus. De la ville il n'existe plus rien, mais on voit encore un château en ruines situé sur un roc à pic. On retrouve les traces d'un amphithéâtre, dont les gradins ont disparu, et de vastes citernes dans lesquelles l'eau était amenée par un aqueduc d'une longueur considérable. Je continue ma route avec mon compagnon jusqu'à Mahdia où j'arrive le soir fort tard.

Le lendemain 5 mars je séjourne à Mahdia, prenant congé de mon compagnon de route qui repart dans une autre direction. Je sors de bonne heure, et me dirige vers la mer. Là je fais, par le plus grand des hasards, la rencontre d'un français faisant fonctions de capitaine du port, qui me propose, très aimablement, de me faire visiter la ville. En promenant avec lui sur la plage, j'aperçois des pêcheurs qui viennent de prendre deux énormes tortues d'eau. Désirant en rapporter une carapace, le capitaine me met en relation avec eux, mais ces pêcheurs m'apprennent que ces tortues sont achetées à l'avance par un arabe fortuné, grand ami, paraît-il, du général Boulanger, et qui consentira sans doute à m'en céder une. On me présente à l'arabe en question assis majestueusement devant un café et qui veut bien consentir à me céder une tortue pour le prix de 0 fr. 50, me faisant observer qu'il me fait une grande faveur. A peine le marché est-il conclu que le susdit arabe me parle de son général, qu'il est très fier d'avoir accompagné dans une partie de la Tunisie, et il m'annonce, avec assurance, que lorsque le général Boulanger sera nommé Empereur des Français (*sic*), il ira lui faire escorte lors de son entrée triomphale à Paris. Là-dessus, je quitte mon arabe en lui souhaitant bonne chance et je demande au capitaine du port quel peut être cet original. Il me répond que c'est un indigène très infatué de sa personne et que le panache du général a grisé comme tant d'autres ! Il ajoute qu'il a fait une certaine fortune dans la fabrication des huiles d'olive et qu'il est en effet propriétaire d'un landau dans lequel il a promené le général lors de la campagne de Tunisie.

Le capitaine me conduit vers le port qui se compose d'une sorte de bassin relié à la mer par un large canal. Il est construit avec des pierres anciennes et des débris de colonnes. Je quitte le capitaine, le laissant à son service, et je lui donne rendez-vous pour 2 heures de l'après-midi. Je parcours la ville pendant une heure et rentre déjeuner à l'hôtel.

A 2 heures, je vais prendre le capitaine à son domicile et nous nous dirigeons vers la mosquée et le quartier arabe. La mosquée est une construction assez remarquable et surtout intéressante à l'intérieur. La disposition des colonnes est un peu la même que celle de la mosquée de Kérouan. On compte 7 ou 8 nefs et l'on remarque quelques marbres d'une jolie ornementation. Non loin de là, se trouvent des citernes et un cimetière arabe. Nous montons ensuite à la kasbah occupée par la troupe française. On y voit des canons assez anciens et curieux. Mais ce sont assurément les remparts qui présentent le plus de caractère. Ils me rappellent un peu ceux de Constantinople, par leur élévation. Comme il était à peine 4 heures, le capitaine me conduit voir un ancien cimetière punique, situé dans les environs.

Mon intention avait été, primitivement, de gagner Sfax, mon programme comportant surtout la visite des côtes, mais plusieurs personnes me font observer qu'étant relativement près d'El-Djem je ne devais pas hésiter à m'y rendre. Je me range donc à cet avis et je me mets en quête d'un moyen de transport pour m'y conduire le lendemain. Je prends congé du capitaine, le remerciant de toutes ses attentions pour moi et je rentre à mon hôtel où je prends des renseignements précis sur mon excursion. J'apprends qu'El-Djem est à une dizaine de lieues de Mahdiah et qu'il faut compter deux jours pour le voyage et la visite des antiquités.

Je quitte donc Mahdiah le 6 mars de très bonne heure avec trois touristes d'un hôtel voisin qui font la même excursion. Nous nous entendons pour prendre une voiture en commun, afin d'éviter l'encombrement de la diligence. Je passerai sous silence les quelques étapes de la route, qui n'offre qu'un médiocre intérêt, au milieu de la plaine et des bois d'oliviers, et j'aborderai de suite la description des antiquités de ce petit pays qui ne compte pas plus de 2,500 habitants, et où nous arrivons vers 2 heures de l'après-midi, après avoir déjeuné au milieu du trajet.

Les ruines d'El-Djem sont vraiment remarquables en raison de leurs dimensions imposantes et de leur bon état de conservation. L'amphithéâtre rappelant beaucoup le Colysée de Rome est d'un aspect vraiment saisissant. D'après les historiens, sa construction remonterait au IIIe siècle. Les Romains, en Tunisie comme à Rome, devaient s'adonner aux luttes et aux combats de gladiateurs, si l'on en juge par les proportions considérables de cet édifice qui écrase, pour ainsi dire, le village d'El-Djem. Il comptait quatre étages de gradins et devait avoir environ 30 mètres de hauteur. L'aspect intérieur est aussi vaste que celui de l'extérieur. Il est permis de déplorer toutefois la démolition d'une partie des gradins due, paraît-il, à la reine des Berbères qui s'y défendit contre les attaques des Arabes. Plus tard, cet amphithéâtre fut assiégé par Mohammed Bey, pour en chasser des Arabes révoltés qui s'y étaient réfugiés. —

Fig. 3. — Vue intérieure de la Grande Mosquée de Kairouan

Je visite l'entrée des souterrains creusés au-dessous des arènes, et les quelques débris de sculptures jetés çà et là sur le sol. Le soir, je reviens jouir du coup d'œil, au clair de lune.

Le lendemain 7 mars, je reprends, avec mes compagnons, la route de Mahdia où nous sommes rentrés à 1 heure, ravis de notre excursion. Le bateau doit précisément partir ce soir-là pour Sfax. Je vais à l'hôtel préparer ma valise ; je fais, une dernière fois, le tour des remparts, et à 5 heures, je m'embarque pour Sfax où j'arrive à une heure très matinale, le 8 mars.

Disons, de suite, que Sfax ne possédant pas, alors, de port, comme la plupart des villes de Tunisie, les voyageurs étaient obligés de débarquer dans des canots qui n'offraient pas toute la sécurité désirable. Ce jour-là, en effet, je me trouve sur l'embarcation, en assez mauvaise compagnie. Des soldats atteints d'ébriété commencent à vociférer, à gesticuler, à se battre, et bientôt une rixe s'ensuit. Les matelots qui conduisent le bateau ne peuvent les séparer, si bien qu'une véritable panique se produit et que la vie des passagers est en réel danger, pendant un moment. Enfin, le calme se rétablit, peu à peu, et je mets pied à terre en poussant un véritable soupir de soulagement.

La ville de Sfax, vue de la mer, présente un coup d'œil des plus pittoresques, et plus on en approche, plus elle apparaît sous un jour séduisant. Les remparts, notamment, sont imposants. A peine a-t-on pénétré dans la ville qu'on est frappé par l'animation qui y règne. Je m'installe à l'hôtel et me rends, aussitôt, dans le quartier arabe qui présente toujours le plus d'intérêt à l'Européen ; ma première visite est pour les bazars ou souks. Ce quartier très resserré renferme des ruelles plus étroites encore. Tout vous y attire et vous y retient. Un grand commerce se fait dans ce coin de la ville. On remarque, parmi les indigènes, des arabes coiffés d'un turban vert. Ce sont des descendants directs de Mahomet, ou pour mieux dire, des arabes qui ont cette croyance. Ce qui contribue, aussi, à faire de Sfax une ville remuante et prospère, c'est son immense commerce d'huile et d'éponges, à la pêche desquelles se livrent de nombreux marins grecs. — On fabrique, également, à Sfax, des tissus de laine. Enfin, les relations de cette ville avec Gafsa sont encore une cause de sa richesse.

Comme monuments, il faut citer la mosquée et quelques jolies maisons modernes, dans le quartier européen construit, en grande partie, sur le bord de la mer. Dans ce même quartier, se trouvent de nombreuses usines ou fabriques d'huile. Cette journée passée à Sfax marquera comme une des plus intéressantes de mon voyage.

Les environs de Sfax présentant un côté pittoresque pour le touriste, à cause de la beauté du pays, je résolus d'y consacrer la journée du lendemain 9 mars. Je voulais, en outre, visiter quelques ruines romaines situées à proximité de la ville et espacées sur le bord de la mer. Sous les murs mêmes de Sfax se trouve l'ancienne Taparura, ville importante qui fût, jadis, un évêché. Certains historiens prétendent que la ville actuelle de Sfax a été construite sur les ruines de cette antique cité. Après avoir longé la côte pendant une dizaine de kilomètres, on rencontre d'abord la ville de Ruspœ, célèbre par son évêché dont le dernier titulaire fut, dit-on, saint Fulgence ; — aussi Mgr de Lavigerie, en faisant nommer un évêque à Sfax, a-t-il tenu à ce qu'il portât le titre d'évêque de Ruspœ.

Plus loin on rencontre Usilla, puis Thenæ, très célèbre jadis et dont parlent tous les historiens; cette ville était surtout connue par la résidence des évêques dont il est fait mention dans les réunions du concile de Carthage; malheureusement elle se trouve enfouie tout entière aujourd'hui, mais quelques fouilles ont permis de juger de son importance. On y a découvert déjà des mosaïques et des tombeaux, et il faut espérer que les choses n'en resteront pas là.

Un mot enfin sur les terres sialines voisines de Sfax, et qui contribuent à sa richesse. Ces terres tirent leur origine d'une famille Siala qui les cultiva pendant de longues années. Plus tard, les habitants de Sfax voulurent s'en emparer et des luttes continuelles se prolongèrent entre eux et la susdite famille. C'est alors qu'en 1871, le Bey Mohammed-es-Sadok résolut de les mettre en vente. Chacun pût acquérir, selon ses moyens, une parcelle plus ou moins grande de ces terres très fertiles et qui furent plantées presque entièrement d'oliviers qui font actuellement la fortune des habitants.

Disons, avant de quitter Sfax, que cette ville n'a pas d'histoire. On peut supposer par les ruines qu'on y rencontre qu'elle existait dans l'antiquité, mais aucun écrivain n'en fait mention.

Je fais, une dernière fois, le tour des remparts avant de gagner mon hôtel, devant prendre, le soir, le bateau des messageries françaises pour Gabès, la distance de Sfax à Gabès (environ 130 kilomètres) étant trop longue à parcourir en voiture. A 5 heures, j'étais à bord, et à 5 h. 1/2 nous levions l'ancre.

Je m'éloigne de Sfax avec regret et je jette un dernier coup d'œil sur la ville ; le bateau est déjà loin et l'on aperçoit encore distinctement ses hautes murailles. Un des hommes de l'équipage me montre les îles Kerkennah habitées par des pêcheurs. S'il faut en croire la légende, ces îles seraient les anciennes Cercinna où Marius et Annibal vinrent se réfugier.

La nuit étant venue, je passe sous silence le trajet du bateau à vapeur, en relatant toutefois un détail de cette traversée. Je fais, à bord, la connaissance d'un ancien gouverneur de Tripoli qui m'engage à aller le voir lors de mon arrivée dans cette ville et chez lequel je fus, plus tard, parfaitement accueilli. Il appelle mon attention sur un jeune turc qui l'accompagne et qui est en effet très digne d'intérêt. La foudre est tombée à ses pieds, lui brisant le tympan. Il a peine, également, à s'exprimer depuis ce jour ; son intelligence est restée intacte.

Après une traversée assez mouvementée, j'arrive, le 10 mars, à Gabès, vers 9 heures du matin. C'était là, pour ainsi dire, le but et le terme de mon voyage en Tunisie. Je devais retrouver dans ce pays un médecin militaire, le docteur C..., avec lequel j'avais fait, jadis, plusieurs tournées de revision et qui m'avait engagé à venir le voir.

Je n'étais pas encore débarqué, lorsque j'aperçois mon ami qui gesticule, me faisant des signes de reconnaissance et je vois auprès de lui trois chevaux sellés, tenus en main par un militaire. Enfin j'arrive auprès du docteur qui me saute au cou, mais m'apprend bientôt une mauvaise nouvelle. La petite vérole sévit avec intensité dans les oasis avoisinant Gabès, et mon ami est obligé de s'y rendre pour aller vacciner les indigènes. Un capitaine du génie doit l'accompagner, profitant de cette circonstance pour aller lever des plans.

Je gagne la demeure du docteur pour aller saluer sa femme et j'y prends une heure de repos. Aussitôt après, nous montons à cheval munis d'un très léger bagage et nous cheminons au milieu des palmiers. Je me hâte de dire que j'eusse préféré passer une journée à Gabès, mais comme le devoir appelle mon ami dans les villages contaminés, je dois forcément l'accompagner sous peine de ne pas le voir pendant plusieurs jours. Disons en outre, que j'eus une certaine désillusion en arrivant à Gabès où je pensais trouver une ville, tandis que je n'y vois qu'un vaste campement. Mon ami, lui-même, habite une maison en bois, commune à plusieurs ménages d'officiers et où je trouverai un gîte à mon retour.

Nous traversons l'unique rue de Gabès un peu large, à laquelle accèdent d'autres rues étroites et, après avoir franchi l'oued Gabès, nous entrons dans une oasis, la première que je rencontrais depuis mon arrivée en Tunisie. La vue de ces palmiers gigantesques me consola un peu de ma déconvenue. Nous chevauchons pendant des heures au milieu d'un véritable fouillis de verdure, auquel succèdent des champs entiers d'orangers et de citronniers, puis nous atteignons les premiers villages de Djara et de Menzel. Les enfants accourent en curieux sur notre passage.

Nous mettons pied à terre, mais dès que les indigènes apprennent que parmi nous se trouve un docteur qui vient pour vacciner, c'est un sauve-qui-peut général dans toute la tribu. Nous sommes accueillis par les malédictions des hommes, et les aboiements des chiens, dont quelques-uns sont peu rassurants. Nous traversons à pied une partie de ces villages, cherchant, mais en vain, à convaincre les habitants que nous venons pour combattre le mal qui les décime, mais, peine perdue, ils n'ont confiance qu'en Mahomet pour les guérir. Enfin, le docteur et moi finissons par persuader quelques chefs plus intelligents que d'autres et nous les engageons à donner l'exemple. Certains d'entre eux finissent par s'exécuter et je leurs tiens le bras pendant que le docteur opère. Plusieurs assistent avec une sorte de frayeur à ce spectacle. Les enfants se montrent moins récalcitrants. Quelques-uns se laissent faire et même affectent une certaine bravoure. Les femmes se cachent ou se sauvent au loin pour nous éviter.

Ne pouvant rien obtenir de plus, nous remontons à cheval, traversant le village de Chenneni pour arriver à celui de Boul-Baba où se tient un marché et où j'achète un tapis que je mets sous ma selle pour attendrir les secousses de ma monture.

Nous passons la première nuit dans ce village et le lendemain, 11 mars, dès 7 heures, nous reprenons notre course à travers les palmiers et les sables du Djérid, véritable Sahara. Nous laissons là le capitaine du génie qui doit prendre une autre direction et nous revenons, le docteur et moi, sur nos pas afin de gagner d'autres villages où l'on nous signale des cas de maladies. Le docteur continue à donner ses soins aux indigènes qui veulent bien y consentir, pendant une grande partie de la journée, puis, nous nous dirigeons vers Ouderef où nous n'arrivons qu'après trois ou quatre heures de marche et où nous séjournons le lendemain, 12 mars.

Là, de nouvelles difficultés nous attendent pour la vaccination ; même répulsion des Arabes, mêmes manifestations de la part des femmes. Un petit nombre consent à subir l'opération et pourtant l'épidémie fait de cruels ravages dans cette contrée. Comme il nous restait quelques heures de jour, nous en profitons pour parcourir l'oasis, une des plus intéressantes de la région. C'est une véritable forêt vierge, coupée de temps à autre par des ruisseaux d'où s'échappe un léger murmure ; au-dessus de nos têtes sont suspendus des régimes de dattes et nous pouvons même en atteindre quelques-unes. Ce pays est véritablement enchanteur et je ne puis que déplorer, pour ma part, le fanatisme et l'entêtement de ces populations se montrant ainsi rebelles à tout esprit de progrès et de civilisation.

Au moment où j'écris ces lignes, j'apprends par des nouvelles arrivées récemment de Tunisie, que le vaccin de gazelle qui vient d'être découvert serait appelé à rendre de grands services dans la régence, notamment parmi les populations des oasis plus réfractaires que d'autres jusqu'ici au vaccin suspect d'être chrétien.

Un docteur en médecine musulman et indigène, le docteur Béchir-Dinghizl aurait entrepris, de concert avec le docteur Loir et M. Ducloux, vétérinaire militaire, de mettre à la portée de ses trop scrupuleux coreligionnaires du Sud, le vaccin animal. Des essais auraient déjà donné de bons résultats.

Notons aussi que les Dames de l'Union des Femmes de France à la tête desquelles est Madame Millet rendent de très grands services à la cause de la vaccine en se faisant vaccinatrices, ce qui leur permet d'entrer dans les intérieurs musulmans et de vacciner les femmes et les enfants.

La mission de mon ami le docteur C... étant à peu près terminée, nous songeons à reprendre la direction de Gabès, car nous sommes déjà au 13 mars et je dois prendre le bateau, le 15, pour continuer ma route sur Djerba. Toutefois, le docteur tient encore à faire, dans la matinée, quelques vaccinations dans les oasis où la population paraît plus apprivoisée. Nous laissons ensuite passer le plus fort de la chaleur et nous remontons en selle, vers 3 heures de l'après-midi, nous dirigeant vers Gabès où nous arrivons à une heure avancée de la soirée. Le docteur m'installe dans la chambre vacante du capitaine du génie qui me l'a offerte très gracieusement et je m'y repose de mon expédition.

Je passe ma journée du 14 à Gabès. Là, je fais la connaissance de plusieurs officiers et le docteur me présente au général tunisien Allegro, gouverneur du pays, qui nous remercie de notre dévouement. Le général affligé de différentes maladies et menacé de perdre la vue me raconte ses misères. Je l'engage à aller à Paris consulter un spécialiste dont je lui donne l'adresse. Je vais passer ensuite quelques heures au cercle des officiers français et nous allons faire avec deux d'entre eux une promenade au bord de l'Oued-Gabès. Nous revenons de là jusqu'à la plage, d'où nous apercevons le bateau qui doit m'emmener le lendemain à Djerba. Mon ami ayant engagé ses camarades à dîner, nous rentrons ensemble chez le docteur où nous passons gaiement la soirée.

Le lendemain 15 mars, vers 9 heures, je m'embarquais pour Djerba où j'arrivais trois ou quatre heures après. Le bateau faisant escale jusqu'au lendemain 4 heures, j'avais donc tout le temps de visiter l'île en détail, ce devait être d'ailleurs ma dernière étape en Tunisie puisque je continuais ma route sur Tripoli, Malte et la Sicile.

Je me rends directement, en débarquant, à la capitale de l'île, en traversant une série de jardins et de bosquets verdoyants. Puis j'entre dans une véritable forêt de palmiers et d'oliviers où règnent un calme et un silence absolus. Des plantes et des fleurs de toute nature embaument l'air. C'est un véritable paradis terrestre. Enfin, j'arrive à la capitale de l'île, à Houmt-Souk, petite ville peuplée d'environ 7 ou 800 habitants et qui renferme quelques monuments. On y remarque surtout les mosquées dont la plus curieuse est celle de Sidi-Brahim-el-Djemni. Près de Houmt-Souk, se trouve un village juif appelé Hara-Kebira, mais qui ne présente pas grand intérêt. On peut dire que l'excursion à Djerba est le complément forcé d'un voyage en Tunisie. Cette île laisse à tous ceux qui la parcourent une impression de poésie indéfinissable.

Je passe ma soirée à respirer les parfums qui se dégagent de tous les jardins de Houmt-Souk, et je fais le projet d'aller le lendemain, 16 mars, faire ma dernière excursion sur la terre tunisienne. Je choisis celle de Hara-Sgira, localité distante de 8 kilomètres. C'est en cet endroit que les Juifs se rendent en pèlerinage à certaines époques de l'année. On y voit en effet une curieuse synagogue et la légende rapporte que l'on trouva, en faisant les fondations de ce monument, une table de Moïse. Les habitants de ce village sont aussi en grande partie israélites et forment une population d'environ 1,500 âmes.

Le bateau pour Tripoli devant partir à 4 heures, je prends une voiture qui me conduit à l'embarcadère. Je fais mes adieux à la Tunisie pour quelques années seulement. J'avais bien fait le projet de m'arrêter une semaine à Tunis à mon retour de Sicile, mais des événements imprévus en décidèrent autrement et je dus rentrer directement en France.

Quatre années s'écoulèrent donc entre mon premier et mon second voyage, pendant lesquelles je parcourus en détail l'Espagne et le Portugal, le Maroc, la Russie, la Turquie et la Grèce, mais le but que je me suis proposé étant de faire simplement le récit de mes deux voyages en Tunisie, je dois passer sous silence ces quatre années pour arriver à ma seconde excursion dans l'intérieur de la Régence, en 1893.

SECOND VOYAGE EN TUNISIE.

Départ de Paris, le 8 mars 1893.

C'est à la fin de l'année 1892 que je formai le projet d'accomplir mon second voyage en Tunisie et d'explorer l'intérieur de la Régence, mais, sachant déjà, par expérience, que le printemps est la saison la plus favorable pour visiter ce pays, je résolus d'attendre cette époque pour me mettre en route, et je ne quittai Paris que le 8 mars 1893.

Je passerai sous silence le trajet déjà décrit lors de mon premier voyage, et je me bornerai à dire que je débarquai à La Goulette, le 12 mars, vers huit heures du matin, après trente-six heures de mer, et une traversée relativement calme.

Comme les souvenirs de Tunis étaient aussi très présents à ma mémoire, je décidai de n'y passer que trois jours, pendant lesquels j'allai revoir Carthage, Sidi-Bou-Saïd, le Bardo et Hammam-Lif, en compagnie d'un peintre de mes amis que je rencontrai, dès ma première sortie en ville. Nos matinées se passèrent, inévitablement, à parcourir les souks et les différents quartiers arabes. Nos après-midi se trouvaient prises par nos excursions, et nous nous reposions le soir dans un des cafés à la mode de l'avenue de la Marine.

Ayant en perspective une longue carrière à fournir, ou plutôt un programme de voyage chargé, je me mis en route dès le 16, de bonne heure, pour Bizerte que je n'avais pu visiter en 1889, à cause des difficultés des voies de communication. Aujourd'hui, le trajet se fait très facilement par une bonne route. Je m'entends avec deux compatriotes descendus à mon hôtel et nous prenons une voiture qui nous conduit directement à Mateur où nous arrivons pour déjeûner.

Le trajet de Tunis à Mateur est assez monotone. Nous traversons quelques villages sans importance, et des plaines très cultivées. La route devient alors plus accidentée. Nous apercevons la haute colline du Djebel-Sakkak, et nous montons, presque toujours, jusqu'à Mateur. Là, nous déjeunons, et comme les chevaux doivent rester un certain temps à se reposer, nous en profitons pour parcourir la ville. Elle est étagée sur le coteau et entourée de murailles percées de portes. Quelques-unes d'entre elles sont assez curieuses. Cette ville a été bâtie, paraît-il, sur les ruines d'une ancienne cité. Aucun monument n'est digne d'être mentionné.

A quatre heures, nous reprenons la route de Bizerte qui traverse, constamment, des marécages et des bois d'oliviers. Nous côtoyons plusieurs cours d'eau et nous apercevons le village de Sidi-Ahmed. Puis, nous longeons un lac, et le paysage devient beaucoup plus riant, à mesure que nous approchons de Bizerte. Nous voyons apparaître des palmiers et de jolies villas entourées de jardins. Enfin, nous arrivons à Bizerte vers sept heures du soir. Nous allons nous installer à l'hôtel, mes compagnons de route et moi, et après dîner nous allons promener au bord du lac.

Le lendemain, 17 mars, nous nous levons de bon matin pour visiter la ville. La partie ancienne est surtout intéressante à parcourir. Les vieilles maisons, le vieux fort qui les domine, attirent notre attention, ainsi que les canaux et les nombreuses barques qui les sillonnent. C'est pour cette raison qu'on a surnommé Bizerte la Venise africaine. Ses maisons blanchies à la chaux ont un peu l'aspect de celles d'Alger. On rencontre aussi à Bizerte, comme à Tunis, des races et des types très variés.

Cette ville a son histoire, ainsi que son vieux fort. Bizerte fut fondée par les Tyriens qui lui donnèrent le nom d'Hippo-Zaritus, puis la ville fut agrandie et fortifiée par Agathocle. Elle joua un certain rôle pendant les guerres puniques, et tomba, au VIIe siècle, au pouvoir des Arabes. Plus tard, de nombreux combats se sont livrés autour de Bizerte, entre les Romains et les Carthaginois. C'est aussi dans cette ville que vinrent se réfugier les Maures, quand ils furent chassés d'Espagne.

Bizerte possède encore de vieux quartiers, mais les travaux du nouveau port lui ont enlevé une partie de son cachet. La kasbah, elle-même, construite par les troupes de Charles-Quint, a perdu ses murailles, ses créneaux et ses vieux ponts. Quelques-unes des tours sont encore debout.

Du haut de ces tours, on jouit d'un merveilleux coup d'œil sur la ville, le lac, la mer et tous les coteaux environnants. Nous redescendons dans le quartier arabe où s'agite une population cosmopolite. — Sur le rivage, on nous montre des maisons assez curieuses, formant un groupe à part; c'est le quartier andalous, jadis habité par les Maures venus d'Espagne et où vivent aujourd'hui encore leurs descendants.

Nous quittons Bizerte à regret. Pendant longtemps, nous apercevons le beau minaret de la grande mosquée entouré de ses maisons blanches qui produisent un effet magique au soleil couchant. Nous parcourons la même route que la veille, au milieu des bois d'oliviers et des marécages et nous rentrons à Tunis, vers huit heures du soir, ravis de notre excursion.

Je reste à Tunis, le lendemain 18 mars, à me reposer. Je vais revoir les souks, le quartier juif et les nécropoles, en compagnie du peintre C... que j'avais rencontré le jour même de mon arrivée, et le 19, je commence la visite des antiquités de la Régence, par l'excursion de Téboursouk, à laquelle je dois consacrer quatre journées bien remplies. Je me rends, à sept heures du matin, en chemin de fer, jusqu'à la station de Medjez-el-Bab, située sur la ligne de Tunis à Bône, et là je prends la voiture de correspondance pour Testour et Teboursouk; mais, comme toute la contrée de Medjez-el-Bab est couverte de ruines intéressantes, je passe cette première journée à les parcourir. Je me rends d'abord à Sidi-Medien où je visite les citernes et de curieux mausolées. De là, je gagne Toukabeur où sont de nombreuses antiquités parmi lesquelles il faut citer l'arc triomphal de Sextilius Celsus, dix grandes citernes et des ruines romaines appelées le Hammam. Je visite aussi Aïn-Menzel, où se trouve un arc triomphal, et d'où l'on jouit d'une jolie vue sur la vallée de la Medjerdah. Je me rends, de là, à Medjez, pour prendre la voiture de Testour où je dois passer la nuit.

Comme j'avais une heure à disposer, avant le départ, j'en profite pour parcourir les rues de Medjez-el-Bab. C'est une petite ville d'environ 1,500 habitants située sur les bords de la Medjerdah; son nom qui signifie « gué de la porte » lui vient d'un arc de triomphe qui existait, jadis, en face des ruines d'un vieux pont également détruit. Cet ancien pont a été remplacé par un pont arabe absolument remarquable par ses proportions et sa longueur. Il compte huit arches sous l'une desquelles on distingue un personnage vêtu d'une toge. Ce sont des pierres anciennes qu'on a utilisées pour la construction du pont.

Je pars ensuite pour Testour où j'arrive vers huit heures du soir, la distance n'étant que de 20 kilomètres et la route excellente. Je remarque dans le trajet quelques ruines près du village de Slouguia situé sur une élévation et dont la mosquée est très ornementée. On aperçoit aussi plusieurs koubbas dont l'une est celle de Lalla-Zohra, une sainte femme. Enfin, nous sommes à Testour.

Je visite Testour dans la matinée du 20 mars. Quelques heures suffisent pour voir la ville qui n'a aucun caractère arabe. Elle est habitée par des descendants des Maures d'Andalousie. Le minaret de la grande mosquée est assez décoratif, avec ses faïences de toute couleur. Cette tour carrée est surmontée d'un toit pointu couvert de tuiles que domine une flèche. On remarque en outre quelques grandes rues bordées de boutiques et de cafés. La ville est construite, comme celle de Medjez, au bord de la Medjerdah. Ses habitants ont la réputation de très bons cultivateurs. J'omettais de signaler, à l'entrée de la ville, une pierre commémorative en l'honneur de nos soldats morts dans cette contrée où eut lieu un combat contre les Oulad-Ayar révoltés, en 1881. Le bey actuel commandait en personne la colonne d'expédition.

Je me rends, l'après-midi, à Aïn Tunga, situé à 9 ou 10

kilomètres de Testour. On suit, pendant quelque temps, les bords de l'Oued-Ciliana. On traverse la vallée de l'Oued-Khalled, et on entre dans un pays de broussaille, montant et descendant sans cesse jusqu'à Aïn-Tunga.

La visite d'Aïn-Tunga est très intéressante. On voit apparaître, de tous côtés, des vestiges d'antiquités. Là, ce sont des pans de mur et des fûts de colonnes ; à côté, les ruines d'un arc de triomphe, mais dont il ne reste que la partie basse. Enfin, un temple monumental, appelé temple de Mercure, un autre petit temple et des citernes. Mais, les ruines les plus importantes d'Aïn-Tunga sont celles de la citadelle byzantine située sur le penchant d'une colline. Elle est encore flanquée de ses tours et de ses remparts où l'on distingue des détails de sculptures très bien conservés et de nombreuses inscriptions. Nos soldats, qui ont séjourné longtemps à Aïn-Tunga, ont fait de nombreux travaux autour de cette forteresse. Ils ont pavé la plupart des chemins, ont même capté une source et construit une fontaine.

La distance d'Aïn-Tunga à Téboursouk n'étant que de 10 kilomètres, je décidai d'aller y passer la nuit.

Le lendemain 21 mars, dans la matinée, je parcours les ruines qui me causent une certaine déception. Il n'existe guère, en effet, à Téboursouk, qu'une citadelle byzantine élevée, comme celle d'Aïn-Tunga, avec des pierres provenant de monuments anciens. Une des portes est surmontée d'inscriptions en l'honneur des majestés très chrétiennes qui régnaient alors. Une autre inscription porte les mots de *Thiburcicum bure*. Les remparts sont encore debout, mais on a peine à en faire le tour.

On ne trouve que des traces insignifiantes des autres mo-

Fig. 4. — Ville et port de Bizerte.

numents. Le plus grand intérêt consiste à parcourir les rues de la ville antique très animées, mais très malpropres. On y voit plusieurs petites mosquées dont l'une appartient à des Aïssaouas. Une autre possède un curieux minaret. Non loin de là est un souk où sont installés quelques petits marchands. A part le souvenir que je garde de la citadelle, je quitte Téboursouk, sans regret, pour me rendre à Dougga, situé à 6 kilomètres seulement, et où j'arrive à trois heures de l'après-midi. Cette route est assez pittoresque. Elle traverse, au départ de Téboursouk, de nombreux oliviers, puis elle se rétrécit pour ne plus former qu'un sentier à travers la broussaille jusqu'à Dougga situé sur le sommet d'une colline.

Je me mets aussitôt en route pour visiter le village. Ce qui frappe d'abord les regards, c'est ce temple imposant érigé, d'après l'inscription que j'y lis, par les frères Simplex, en l'honneur de L. Vérus et de Marc-Aurèle. Six colonnes sont encore intactes. Elles paraissent être d'un seul bloc de pierre, et sont surmontées d'un fronton sur lequel on distingue une divinité reposant sur un aigle. La porte qui donnait accès à ce temple est également bien conservée. Ce monument, d'après les uns, était dédié à Jupiter, et, d'après les autres, à Junon et à Minerve. Vient ensuite le théâtre qui n'était pas alors entièrement mis à jour, mais au déblaiement duquel on travaillait lors de mon passage par Dougga, ce qui m'intéressa beaucoup. Les gradins semblent parfaitement conservés et on voit plusieurs colonnes qui paraissent d'une très grande élégance. L'inscription qui a été découverte par le docteur Carton nous apprend que ce théâtre a été élevé aux frais de L. Larcius Quadratus, pour célébrer son élévation aux fonctions de flamine perpétuel, et pour remercier ses concitoyens. Elle ajoute que le jour de l'inauguration il a fait distribuer des vivres, donné une représentation théâtrale, des jeux et un festin.

Il en était ainsi, paraît-il, dans beaucoup de villes où chaque citoyen, selon sa fortune, faisait élever un temple, un théâtre ou un cirque; d'autres moins riches bâtissaient une chapelle ou une porte triomphale.

On voit aussi à Dougga les restes d'un mausolée punique, malheureusement endommagé; puis un autre temple dédié à Septime Sévère, un arc de triomphe très élégant, appelé porte de la chrétienne Bab-er-Roumia; près de là se trouvent des citernes, des dolmens, des thermes et un immense aqueduc mesurant, paraît-il, plus de deux lieues de longueur. Je suis absolument émerveillé de cette visite, mais, comme la nuit approche, je reprends la route de Téboursouk où je vais passer la nuit.

Je me réveille donc, le 22 mars, à Téboursouk d'où je repars, dès sept heures du matin, pour Béja, à cheval, accompagné d'un arabe. Après une demi-heure de marche environ, nous apercevons le minaret de Sidi-Ahmed-Bou-Saâda et nous entrons dans une vallée fertile où coulent plusieurs cours d'eau ; puis, nous atteignons Maâtria où j'aperçois quelques traces de ruines ressemblant à des débris d'église. Je mets alors pied à terre pour les visiter. On voit, près de l'église, les ruines d'un temple et d'une forteresse byzantine. Je remonte en selle escorté de mon arabe qui me fait suivre un sentier tellement étroit que les chevaux ont peine à poser leurs sabots. Nous nous trouvons bientôt sur une hauteur d'où la vue s'étend très au loin, mais d'où je ne distingue aucune habitation. Je commence à avoir quelque inquiétude sur la direction que nous suivons, mais nous sommes rejoints par des indigènes dont l'un articule quelques mots de français et il m'assure que nous sommes sur le chemin de Béja-gare où ils vont eux-mêmes. Nous descendons, pendant plus de deux heures, au milieu des rochers et des broussailles et après avoir franchi l'Oued-Béja, nous arrivons à Béja-gare. Là, je prends congé de mon arabe qui doit rentrer le soir à Téboursouk, et je me rends en voiture à Béja-ville.

Après un repos de deux heures à l'hôtel, je parcours les principales ruines de la ville. Je me rends d'abord à la kasbah et à la porte romaine, puis je fais le tour des murs d'enceinte. Ces murs sont très bien conservés et sont couverts d'inscriptions très curieuses. Cela tient à ce qu'on a aussi employé pour la construction de ces murailles, des matériaux provenant d'anciens monuments. Le tour d'enceinte mesure extérieurement plus d'un kilomètre. On y remarque trois portes et plus de vingt tours. L'une des portes appelée Bab-ès-Souk est construite sur les débris de la porte romaine que j'ai citée plus haut, mais il est tard, et comme je suis fatigué de ma longue expédition du matin, je remets au lendemain la suite de mon exploration dans Béja. Mon hôtelier qui parle français me trace mon programme pour le lendemain et comme Béjà n'offre aucune ressource, ni aucune distraction, le soir, je vais dans ma chambre rédiger mes notes de voyage.

Nous étions au 23 mars et dès 7 heures du matin, j'assistais au lever du soleil sur le haut des murs de Béja. Je visite la kasbah intérieurement. Elle renferme une immense salle voûtée, très ancienne. La mosquée principale est aussi une des plus vieilles de la Tunisie. Elle est consacrée à Sidna-Aïssa, c'est-à-dire à Notre-Seigneur J.-C. et devait être primitivement une église chrétienne. Disons, aussi, qu'une grande partie des découvertes faites à Béja est due aux soins du capitaine Vincent du service des renseignements militaires. Nos troupes devant y être un jour installées, il fallut songer à aménager les lieux en conséquence. Or, en creusant par hasard un canal, on découvrit des ossements humains. On pratiqua alors des fouilles et on trouva, dans ces parages, près de cent cinquante tombeaux, se ressemblant tous. On les reconnut pour des tombes phéniciennes. Des poteries étaient posées près des corps. On a trouvé aussi quelques pièces de monnaie.

Un dernier mot sur l'histoire de Béja. C'était une ville connue dès les temps les plus reculés. Elle s'appelait jadis Vacca, du temps d'Annibal, et devint très puissante lors de la guerre de Jugurtha, mais elle fut pillée par Metellus et Juba. Elle redevient prospère sous l'Empire, et Justinien lui élève des fortifications.

La fertilité du pays, en cet endroit, contribue à faire de Béja une ville aisée, sinon fortunée. La population s'y adonne tout entière à la culture, et quelquefois même, les habitants partent en grand nombre faire la moisson au loin.

A 2 heures, je reprends le chemin de Tunis où j'arrive vers 6 ou 7 heures du soir.

Je passai deux jours à me reposer à Tunis, les 24 et 25 mars, pendant lesquels je fis un grand nombre de photographies de la ville et des environs. J'avais, à ce dernier voyage, emporté une véritable cargaison de plaques, mais dont je ne pouvais facilement me faire suivre dans mes excursions à cheval. Ayant aussi l'intention de consacrer une dizaine de jours, au moins, à ma troisième expédition dans l'intérieur, qui devait être, pour ainsi dire, le clou de mon second voyage, je dus consulter quelques personnes auxquelles j'étais recommandé, pour dresser avec elles un plan de campagne pratique et facile à réaliser. Il fut décidé que je gagnerais d'abord Oudna et que je poursuivrais ma route vers Zaghouan, Maktar et Le Kef.

Le 26 mars au matin, je pris donc la direction de Oudna, ville sans importance, située près de l'oued Miliane, mais qui renferme un grand nombre de ruines romaines, dont la plupart sont en très bon état de conservation. Là, comme à El-Djem, se trouvait un amphithéâtre, mais de proportions moindres que ce dernier. Toutefois les gradins sont en meilleur état de conservation. On remarque aussi une citadelle dont plusieurs salles sont encore intactes. Plus loin se trouve un théâtre, puis une autre construction présentant l'aspect d'une basilique, mais que l'on croit plutôt être des thermes. Cette construction renferme, en effet, des traces de citernes. On voit aussi des ruines de ponts et d'aqueducs.

Depuis ce voyage accompli, comme je l'ai dit plus haut, en 1893, de nouvelles fouilles ont été faites et ont amené, paraît-il, la découverte de plusieurs villas et de nombreuses mosaïques. Ces maisons remonteraient à l'époque de Constantin. La plus importante de ces villas aurait appartenu à la famille des Laberti, mais, dit M. Gauckler, inspecteur général, chef du service des antiquités en Tunisie : « Ce qui « distingue surtout ces villas, ce sont la richesse et la beauté « des mosaïques dont elles sont pavées. Quatre-vingt-sept

« mosaïques y ont été découvertes sur lesquelles on voit « figurer toute la série des sujets mythologiques, tels que « l'enlèvement d'Europe, Endymion, etc., puis toutes les « divinités, telles que Vénus, Diane, Minerve, Apollon, « Cérès, etc. »

Je ne puis que regretter, pour ma part, que ces fouilles n'aient pas été faites quelques années plus tôt, afin d'avoir pu jouir de ces nouvelles découvertes. Malgré cela, j'ai gardé très bon souvenir de ma journée passée à Oudna.

Disons, en terminant, que Oudna est l'antique Uthina dont Pline et Ptolémée font déjà mention, et qui fut une des plus anciennes colonies d'Afrique. Sa fondation remonte au temps de César ou d'Auguste, au IIIe siècle. Elle devint, plus tard, le siège d'un évêché. Ses anciens évêques ont figuré au concile de Carthage. On en retrouve des traces vers 411.

La distance de Oudna à Zaghouan étant assez courte à parcourir, je résolus de m'y rendre dans la soirée.

Je traverse, d'abord, une immense plaine avant d'arriver au point de jonction des eaux du Zaghouan et du Douggar. Je commence bientôt à apercevoir les montagnes rougeâtres dans le lointain, puis la route se resserre avant de pénétrer dans le défilé de Bou-Hadjela. Elle s'élève alors jusqu'au col de Sidi-Amor-Djebari où elle passe au milieu des ravins. De là on commence à voir la ville de Zaghouan adossée à la montagne qui lui donne un aspect vraiment pittoresque.

Le lendemain, 27 mars, je visite la ville ou, pour mieux dire, le village dont les rues sont escarpées et dont les maisons blanches sont bâties en échafaudage sur la colline. On y compte environ 1,500 habitants dont les trois quarts sont arabes. Comme monuments anciens, il ne reste plus guère qu'une porte triomphale dont les piliers mesurent près de trois mètres de largeur. Malheureusement la partie haute de cette porte est en ruines. A une faible distance du village, je vais voir une construction également délabrée, appelée le nympheum ou temple des eaux, qui renferme une source servant à alimenter un aqueduc. Dans le sanctuaire on voit encore une cella ou niche destinée à recevoir la statue de la divinité. De chaque côté, s'ouvraient des galeries ornées de colonnes corinthiennes. Des marches donnaient accès à la terrasse placée au fond de l'hémicycle. Plus bas, se trouvait un bassin destiné à recevoir les eaux, avant leur entrée dans l'aqueduc. L'emplacement de ce temple était des mieux choisis, au milieu d'une solitude vraiment imposante. — Au-dessus s'élève la haute cime du Zaghouan, une des plus belles montagnes de la Tunisie.

Plusieurs villages entourent Zaghouan : le village de Décherat-el-Aâlaa, celui de Décherat-ben-Saidane et celui de Djebibina. Ce pays est aussi très fertile grâce aux rivières qui l'arrosent ; on y élève de nombreux animaux qui sont vendus sur le marché de Zaghouan. Le sol renferme également des mines exploitées par une société qui emploie trois ou quatre cents ouvriers et sur lesquelles j'aurai l'occasion de revenir.

Le trajet de Zaghouan à Maktar étant assez long et ne pouvant se faire en voiture je prends le parti de coucher à Zaghouan et de louer un cheval et un guide pour le lendemain.

Je quitte donc Zaghouan le 28 mars dès six heures du matin escorté d'un vieil arabe armé de son fusil, et dans lequel, me dit l'hôtelier, je puis avoir la plus grande confiance,

Nous emportons quelques provisions, ne sachant trop quelles ressources nous rencontrerons sur notre route. Nous parcourons d'abord un pays assez désert, mais fertile et cultivé, et nous arrivons à un pont appelé le pont du Fabs. Là, nous faisons une halte d'une heure pour aller visiter les ruines de Thuburbo situées au milieu d'une vaste plaine. On y retrouve les restes d'un amphithéâtre, d'un temple et d'autres débris que l'on croit être des ruines de thermes, à en juger par plusieurs portes dont on distingue encore les fondations. — Nous remontons à cheval, et après avoir rencontré une koubba et quelques maisons délabrées, nous arrivons à une seconde koubba très curieuse appelée koubba de Sidi-Zid, et qui est l'objet d'une légende. Les habitants de cette contrée appartiennent à la tribu des Oulad-Sidi-Zid qui prétendent que le père des Lions, Sidi Bou Sioud, était le grand ami de leurs ancêtres, lesquels descendraient même de Fatma, fille du prophète. Nous rencontrons quelques arabes en prière auprès de la koubba, dont la situation est d'ailleurs très pittoresque. Mon compagnon paraissant même s'attarder dans un trop long colloque je lui fais signe que le temps presse et nous continuons notre chemin au milieu d'un magnifique bois d'oliviers. En sortant de là, nous atteignons bientôt une troisième koubba, celle de Sidi Saïd-el-Harath, où s'embranchent plusieurs chemins.

J'avoue que si j'eusse été seul j'aurais renoncé à faire ce trajet, certain d'avance de m'y égarer, mais j'avais toute confiance dans mon guide et dans la bonhomie empreinte sur sa figure. Il marchait du reste en éclaireur et je n'avais qu'à le suivre. Il parlait en outre quelques mots de français, ce

FIG 5. — Vue du Théâtre de Dougga.

(Gravure extraite de la *Revue Générale des Sciences*).

qui était assez précieux pour moi. Mon arabe, qui répond au nom de Mohammed, m'explique qu'il a ses enfants établis dans ce pays et me demande à aller voir un de ses fils qui habite tout près de là. Il revient me trouver avec lui, et nous parcourons ensemble les ruines voisines d'Aïn Fourna.

Ces ruines sont situées sur un coteau, au milieu d'une contrée très fertile. Il existe encore tout un mur d'enceinte muni de ses vieilles tours. Ces sortes de fortifications avaient pour but, paraît-il, de servir de défense aux habitants contre les invasions. Non loin de là se trouvent un village appelé Aïn Mzetta et quelques ruines éparses n'offrant qu'un médiocre intérêt. Le pays est, en cet endroit, très verdoyant et très cultivé et Mohammed m'apprend que c'est le lieu le plus propice pour passer la nuit. Là, en effet, habite un ancien cheikh, Amor ben Allia, qui sera très heureux, me dit Mohammed, de nous recevoir. Son habitation est située au milieu d'un joli jardin et près d'un moulin alimenté par un ruisseau. Le cheikh nous fait très bon accueil, et nous trouvons chez lui des ressources inattendues, comme chambre et comme nourriture. Je vois aussi que Mohammed est l'objet de toutes ses attentions. Nous profitons de la soirée pour visiter la campagne environnante et nous passons une excellente nuit, dans le calme le plus absolu.

Le lendemain 29 mars, nous quittons le toit très hospitalier du cheikh, en le remerciant de son bon accueil, et nous arrivons, après quelques kilomètres de marche, à la zaouïa de Sidi-Abdelmelek, dont le cheikh et Mohammed m'avaient raconté l'histoire, la veille au soir.

Sidi-Abdelmelek était un saint homme, du moins réputé comme tel, et qui habitait un endroit désert dans la montagne. Il se disait inspiré de Dieu, mais mettait à profit sa destinée divine pour faire de fréquents appels à la générosité de ses admirateurs qu'il était parvenu à fanatiser. Ses quêtes renouvelées sans cesse devinrent si fructueuses qu'il put acquérir bientôt plusieurs domaines, notamment le terrain sur lequel il fit bâtir la zaouïa à laquelle il donna son nom. Il convertit en outre bon nombre d'Arabes à ses doctrines, fit construire d'autres établissements religieux de même nature, et laissa une succession importante à son fils Ahmed qui doit vivre encore aujourd'hui.

En quittant la zaouïa on franchit un ruisseau, puis on atteint le village de Kobeur-el-Goul, en laissant derrière soi la koubba de Sidi-Djaber. Sur le haut de la montagne de Kobeur-el-Ghoul a été construite une citadelle qui n'est plus aujourd'hui qu'une ruine sans intérêt. Elle servait autrefois de point de défense ou de refuge, et on pouvait surveiller de là tout le pays.

Près de Kobeur-el-Ghoul se trouvent plusieurs dolmens. Dans leur voisinage, on distingue les traces d'une voie romaine qui conduit, au milieu d'oliviers et de prairies, aux ruines très pittoresques d'Uzappa dont les plus intéressantes sont celles de Zitounet-eth-Thobal.

Là, nous mettons pied à terre, et nous allons déjeuner à une zaouïa où Abdelmelek avait bâti jadis plusieurs maisons en partie démolies, aujourd'hui, et qui sont devenues la propriété d'un chef arabe. Après déjeuner, je visite les ruines d'Uzappa, avec d'autant plus d'intérêt et de plaisir qu'elles ont été découvertes en 1881, par la colonne expéditionnaire du général Philebert, que je connais tout particulièrement. On y voit un arc de triomphe encore couvert d'inscriptions.

Nous remontons à cheval, vers deux heures, et nous nous dirigeons vers Maktar distant seulement de quelques lieues à peine. La contrée devient de plus en plus cultivée et verdoyante. Elle est arrosée par plusieurs cours d'eau, notamment par l'oued Faouar que nous traversons. Après avoir parcouru une contrée très accidentée, nous franchissons encore plusieurs rivières et atteignons le plateau des Oulad-Khzem. Enfin, nous arrivons vers quatre heures à Maktar. J'engage Mohammed à venir se reposer, avant de reprendre sa route sur Zaghouan. Il accepte de dîner avec moi, et repart le soir, vers sept heures, pour retourner passer la nuit à la zaouïa de Sidi-Abdelmelek. Avant de me quitter il m'indique un gîte dans un café tenant lieu d'auberge à Maktar.

Le lendemain 30 mars, je commence la visite des antiquités de la ville et des environs auxquelles j'ai résolu de consacrer deux jours, pour me reposer, avant de prendre la direction du Kef. Avant d'entreprendre la description des différents monuments, je dois rappeler que leur découverte est due, en grande partie, à M. le capitaine Bordier, aujourd'hui contrôleur civil à Maktar. Ces découvertes firent déjà grand bruit, en 1889, lors de mon premier voyage. A cette époque, en effet, des fouilles furent faites par le capitaine qui trouva, notamment, une inscription donnant la véritable origine de Maktar. Elle portait ces mots: *Colonia aelia aurelia, augusta Mactaris.* Quelques années auparavant, M. Letaille avait mis à jour une inscription à peu près identique.

Je passe en revue les différentes ruines parmi lesquelles il faut citer une basilique byzantine. L'inscription découverte aussi par M. Bordier, et qui est aujourd'hui au Musée du

Louvre, indique qu'elle portait le nom de Rutilius. Un grand nombre de pierres, de marbres portant des inscriptions, de statues trouvées dans les fouilles ont été transportées au musée du Bardo.

Dans le voisinage de cette basilique existait un amphithéâtre dont il reste, malheureusement, peu de traces, et un arc de triomphe auquel devait aboutir une voie romaine dont une partie a été déblayée par M. Bordier. Plus loin, se trouvaient deux temples dont l'un paraît être un temple punique, si l'on en juge par les dessins et les inscriptions qui se trouvaient sur les murs. Enfin, un arc de triomphe, dit de Trajan, qui n'était pas encore complètement dégagé, lors de mon passage par Maktar.

Plus loin, dans une autre direction, on a découvert un tombeau auquel on a donné le nom de mausolée pyramidal. Il se compose d'une grande pièce ornée à l'extérieur de colonnes corinthiennes ; une porte très ornementée y donne accès ; elle est surmontée d'un bas-relief représentant des animaux et des personnages. Au-dessus de cette pièce existe une autre salle carrée, laquelle est dominée par un toit pointu. Un autre tombeau appelé mausolée de Verrius se compose d'une seule pièce carrée et basse.

J'ai omis de signaler un monument très important, situé sur la hauteur et qui présente l'aspect d'une forteresse. On n'a pu déterminer exactement quelle était sa destination primitive. Quelques archéologues y voient simplement des thermes, à en juger par des citernes voûtées qui existent encore. D'autres pensent que c'était une forteresse ou citadelle byzantine.

Fatigué de cette excursion assez longue, je rentre à

Maktar où je parcours un peu la ville, remettant au lendemain la visite des ruines.

La ville de Maktar est peu importante et compte très peu de monuments intéressants. Quelques koubbas sont cependant à signaler. La plus vénérée est celle d'Ali-Ben-Amor qui renferme le tombeau du saint et est l'objet d'un pèlerinage de la part des tribus voisines, et en particulier des Sïar. Une seconde koubba contient la dépouille du fils d'Ali-Ben-Amor, mais n'est pas aussi visitée que la précédente. C'est autour de la grande koubba qu'on vient, dans certaines circonstances, faire des sacrifices d'animaux. On immole tantôt un bœuf, tantôt un mouton, en reconnaissance d'un bienfait accordé par le saint, ou dans le but d'obtenir de la pluie en temps de sécheresse. Chacun veut, alors, en avoir une part qu'ils considèrent comme sacrée. On entoure aussi le tombeau de bougies, de reliques ou d'ex-voto. Je parcours les quelques rues de Maktar et gagne le café qui me sert de gîte, jusqu'au lendemain matin.

Comme il me restait peu de choses à voir à Maktar, et que j'étais reposé de mes fatigues de la veille, je résolus, pour gagner du temps, de me remettre en route l'après-midi du 30 mars. Le matin, je revois, pendant quelques heures, les ruines que j'avais négligées la veille. Parmi elles, je dois citer un temple dédié à Diane ou à Apollon et un autre mausolée des Jules. On retrouve aussi les traces d'un aqueduc dont il existe encore quelques voûtes. Cet aqueduc était destiné à amener les eaux de Souk-el-Djemâa. Un jeune arabe qui me suit me fait remarquer des dolmens situés à quelque distance, en dehors des autres ruines, mais on n'a pu jusqu'ici en découvrir l'origine.

D'après les renseignements que j'avais recueillis le matin, la route de Maktar au Kef n'étant pas carrossable dans sa première partie, et Maktar n'offrant d'ailleurs aucune ressource au point de vue des véhicules, je décidai de louer un cheval et un guide pour m'accompagner. Je monte en selle vers deux heures, au moment où une pluie fine commence à tomber. Nous parcourons toujours des ruines pendant près d'une heure avant d'arriver au pont de l'oued Saboun. Nous atteignons ensuite la bifurcation où doit passer la route de Maktar à Tunis et nous traversons de nombreuses plantations d'oliviers avant d'entrer dans le col Hassasia. Après l'avoir franchi, nous trouvons encore quelques colonnes renversées, et après deux heures de marche dans une contrée presque déserte, nous arrivons au col de Khabas, puis, à un kilomètre de là, au village du même nom. Mon jeune guide, qui connaît très bien le pays, m'apprend que les habitants de ce village sont très hospitaliers et m'engage à y passer la nuit. Il va trouver un chef arabe qui m'installe chez un indigène faisant un petit commerce et qui a une très bonne physionomie ; mon guide est installé dans une chambre voisine de la mienne. — Nous y dormons d'un profond sommeil.

Le 31 mars, dès la première heure, nous étions en selle, reprenant la direction du Kef. Nous franchissons peu après l'oued Guerria et nous arrivons dans un pays très cultivé appelé le pays du Sers. Après avoir passé un pont sous lequel coule l'oued Kralleh, nous traversons une partie montagneuse où l'on remarque une série de ponts en voie d'exécution. Il ne nous reste plus que quelques lieues à parcourir avant d'atteindre le Kef. Bientôt nous passons l'oued Tessa, et nous commençons à distinguer les tours et les murs d'enceinte de la ville. Nous y arrivons vers cinq heures du soir, ayant perdu quelque temps en route et ayant fait une halte pour déjeuner, pendant la chaleur du jour.

Je prends congé de mon guide et vais m'installer à l'hôtel où je dîne, en compagnie de deux français. Je suis heureux de me retrouver dans un milieu civilisé et dans un pays offrant quelques ressources, car j'avais jusqu'ici un peu manqué du nécessaire. Malgré cela cette excursion de quelques jours à l'aventure est restée parmi les meilleurs souvenirs de mon second voyage en Tunisie. — Lors de mon départ de Paris, j'avais décidé d'y passer environ un mois, et ce délai allait bientôt expirer. Toutefois, en approchant du point terminus (Souk-el-Arba) où je devais prendre la ligne de Constantine, j'éprouvais un vif désir de poursuivre ma route encore plus loin, et d'aller visiter la Kroumirie. Je fis part de mon intention à mes compagnons de table qui venaient précisément de visiter ce pays et m'engagèrent beaucoup à mettre mon projet à exécution, m'assurant de plus qu'on jouissait dans cette contrée de la sécurité la plus complète.

Je me réveillai au Kef, le 1er avril, et commençai dès le matin la visite de la ville. Elle est bâtie en amphithéâtre sur le flanc de la montagne et dominée par la kasbah d'où l'on jouit d'un magnifique panorama. L'extérieur de cet édifice présente une étendue assez considérable, et les murs en sont assez élevés. A l'intérieur existe une grande cour autour de laquelle sont disposées des chambres. Au dessus de la porte d'entrée on lit une inscription arabe rappelant la date de la construction de la kasbah. Après cette ascension sur les hauteurs de la ville, je visite non loin de là le château de Kasr-er-Roula. C'était, paraît-il, une ancienne basilique chrétienne. On y voit encore des colonnes de marbre gisant çà et là sur le sol, ainsi que des tombes dont quelques-unes portent encore des inscriptions. — Au bas de la colline se trouvent de nombreuses citernes qui servaient, sans aucun doute, à alimenter la ville.

Je fais alors le tour des remparts, et je rentre en ville par une des portes étroites qui me conduit au Dar-el-Bey, maison du gouverneur. C'est là que M. Roy, actuellement secrétaire général de la Résidence, et quelques officiers avaient installé un musée où ils avaient réuni tous les objets trouvés dans les fouilles, tels que pièces de monnaies, lampes, statues, fragments de toute sorte et qui ont été transportés plus tard à Tunis. Je visite ensuite les ruines d'une seconde basilique chrétienne (Dar-el-Kous), aujourd'hui convertie en maisons. On y voit des traces d'ornementations au-dessus d'une porte.

Parmi les monuments de l'époque romaine, il faut encore citer l'amphithéâtre dont il reste malheureusement peu de vestiges. Il ne présentait pas d'ailleurs une très grande surface. — Le théâtre paraissait plus important, à en juger par les parties découvertes. Plusieurs colonnes et chapiteaux ont été retrouvés. On voit aussi les ruines d'un palais appelé Dar-el-Djir.

Parmi les édifices modernes, on remarque surtout la mosquée de Sidi-Bou-Maklouf. Il existe d'autres zaouïas mais très difficiles à visiter. Elles appartiennent à des sectes ou sociétés secrètes assez nombreuses au Kef et qui font, pour ainsi dire, de cette ville un des centres de l'islamisme en Tunisie.

Fig. 6. — Vue de Béja.

(Gravure extraite de la *Revue Générale des Sciences*).

Citons, enfin, deux fontaines servant à alimenter la ville dont l'une paraît abandonnée.

Quelques mots, en terminant, sur l'histoire du Kef. Cette ville dans l'origine portait le nom de Sicca Veneria, nom tiré du temple de Vénus qui s'élevait en cet endroit. Les uns prétendent qu'elle fut fondée par les Siciliens, d'autres par les Phéniciens. La ville se soumit d'abord aux Romains et devint très prospère. Elle porta le titre de colonie de César ou d'Auguste. Elle conserva encore une certaine importance à l'époque byzantine, si l'on en juge par les restes de ses églises et de ses basiliques. Enfin chacun connaît le récit merveilleux de Flaubert, décrivant (dans Salammbô) la marche des hordes sauvages s'avançant vers le Kef. Aujourd'hui on considère cette ville comme une place de premier ordre. Elle garde en effet la route de Soukaras à Tunis et lors de l'occupation, en 1881, on avait songé à en faire un point de défense.

Je passe une seconde nuit au Kef et prends le lendemain, 2 avril, la diligence pour Souk-el-Arba où j'ai décidé de stationner quelques heures ne connaissant pas cette ville. La route que je parcours est très accidentée, sutout au départ du Kef. Après une montée assez accentuée au milieu d'une campagne fertile, on jouit pendant quelque temps d'une jolie vue sur la ville, puis on arrive à la limite du bassin de la Medjerdah. On descend alors une pente très rapide avant d'atteindre le village de Nebeur. Là, la voiture fait une halte et reprend sa course au milieu d'une plaine déserte. Enfin, on atteint la vallée de la Medjerdah que l'on traverse avant d'arriver à Souk-el-Arba. Ce trajet qui dure environ 7 heures est assez fatigant.

Je profite des quelques heures qui me restent avant la la nuit pour visiter la ville peu intéressante. Souk-el-Arba n'existe en effet que depuis notre arrivée en Tunisie ; on n'y voit donc que quelques rues et maisons de création récente. J'y passe malgré cela la nuit, désirant faire, de là, quelques excursions.

Le 3 avril, je vais voir des ruines romaines que l'on me signale autour de la ville et je me rends l'après-midi à Hammam-Darradji, autrement dit Bulla Regia où se trouvent de nombreuses antiquités romaines. La vue s'arrête d'abord sur d'immenses arcades situées au pied d'une colline. Là, devaient être autrefois des thermes. On en trouve d'ailleurs des traces certaines dans les salles et les couloirs qui sont encore parfaitement conservés. On voit même la place de la canalisation qui servait à amener l'eau dans les baignoires. On rencontre plus loin des citernes. Dans la même direction, apparaissent les ruines d'un amphithéâtre qui est malheuseusement très détérioré. C'est à peine si l'on distingue l'emplacement des gradins. Un arc de triomphe existait aussi jadis, mais a été jeté bas par la sauvagerie des habitants ou d'ouvriers qui ont eu besoin de pierres pour encaisser les chemins. Une fontaine romaine a été respectée. On y a fait venir l'eau d'une source voisine et elle alimente la population du pays.

Chemtou n'étant situé qu'à une vingtaine de kilomètres de Souk-el-Arba, je résolus d'aller y passer ma journée du 4 avril. — Mon intention première fut de gagner en chemin de fer la station de l'Oued-Meliz, distante seulement de 4 kilomètres de Chemtou, mais, les habitants du pays m'ayant fait observer qu'il me faudrait traverser plusieurs rivières, je jugeai plus prudent de suivre la route et de me faire conduire en voiture. Après une demi-heure de marche je passe près des ruines d'Henchir-Demous et j'arrive au Bordj-Helal où se voient les restes d'une forteresse byzantine. De nombreux débris jonchent le sol, mais certains côtés de la citadelle sont intacts ainsi que plusieurs tours. On y voit des colonnes qui devaient se trouver à l'entrée d'une salle dont la porte existe encore. Ces ruines sont d'un grand intérêt. — On longe ensuite de nouvelles ruines et une voie romaine avant d'arriver à Chemtou.

Chacun sait que Chemtou était une grande carrière de marbre, célèbre déjà du temps des Romains. Ce marbre appelé numidique était rouge et jaune, et les Romains l'utilisaient dans la construction de tous leurs monuments publics et de leurs demeures particulières. Dès avant J.-C. on commence à l'importer en Italie, et cette carrière devint bientôt la propriété des empereurs. De tous côtés on retrouve à Chemtou des traces de l'ancienne carrière dans les galeries creusées en différents endroits. Une inscription en latin en fait d'ailleurs mention. Rien n'est plus curieux que l'aspect de cette montagne remplie d'ouvertures et de déchirures encore béantes. Çà et là gisent d'énormes blocs que les outils ont entamés et qui sont restés inachevés. Certains portent des numéros, d'autres le nom de l'empereur ou de l'atelier auxquels ils appartiennent. La plupart de ces blocs ont été délaissés, on ne sait trop pour quelles raisons, sous le règne de Trajan ou de Marc-Aurèle. Au-dessus d'une des carrières on voit aussi les ruines d'un édifice important, au pied duquel sont disséminés des morceaux de sculptures et de frise, — on suppose que ce devait être un temple. On le désigne sous le nom du temple des boucliers ; il devait être dédié à Jupiter.

Les carrières de Chemtou ont dû être abandonnées au moment de l'invasion arabe. C'est en faisant les études du chemin de fer de Tunis à Ghardimaou qu'on trouva les traces de la carrière. — Les nuances des marbres les plus remarquables sont le rose, le jaune veiné, le marbre dit de la brèche, le bois d'orient, le vert de Chemtou, etc.

Indépendamment de ces carrières, Chemtou renferme des antiquités, parmi lesquelles un amphithéâtre malheureusement fort délabré, puis un pont romain considérable bâti sur la Medjerdah et dont les piles se sont écroulées. D'après une inscription découverte par M. Tissot, ce pont avait été construit sous l'empereur Trajan par la main de ses soldats et aux frais de son trésor au profit de la province d'Afrique. — Sur les bords de l'oued Melah on retrouve les ruines d'une ancienne basilique et d'un théâtre dont il ne reste plus que l'étage inférieur. On a découvert enfin, près de là, la place du forum et le tracé de la voie des tombeaux située, comme à Rome, en dehors des murs. Des ruines de mausolées existent sur un parcours de deux kilomètres. Je rentrai le soir à Souk-el-Arba enthousiasmé de ma journée à Chemtou et, le 5 avril, je prenais de bon matin la diligence pour Tabarka en passant par Fernana et Aïn-Draham.

Ce n'est pas sans une certaine émotion que je pénétrais dans ce pays dont on parla tant jadis lors de l'occupation, et dont on avait dépeint les habitants comme des hommes féroces et dangereux. L'aspect montagneux et sauvage de cette contrée n'était pas non plus de nature à me rassurer beaucoup. Quoi qu'il en soit, j'arrivai sans encombre jusqu'à

Fernana, situé à environ 20 kilomètres de Souk-el-Arba. La voiture y stationnant pendant quelques instants, je descends pour y admirer un énorme chêne liège qui est un véritable phénomène.

En sortant de Fernana, nous entrons dans des gorges encore plus étroites que les précédentes et qui passaient pour être le repaire de ces fameux Kroumirs tant redoutés. Ces gorges, qui me rappellent beaucoup celles du Chabet-el-Akra en Algérie, commencent à s'élargir à mesure que nous gravissons la montagne. Alors la physionomie du pays change complètement. Nous traversons des bois de chêne et nous passons près d'un ancien camp. C'est là, au Djebel-Melah à 1,000 mètres d'altitude, que se trouve la fameuse koubba de Sidi-Abdallah-Ben-Djemel.

L'historien Ibn-Khaldoun raconte que les Kroumirs descendent des Houmir-ben-Amor venus de l'Arabie. Un des membres de cette tribu, Abd-Allah, se fixa au Djebel-Aman, tandis que son fils allait habiter Tabarka. Ceci expliquerait la tradition chère aux Kroumirs qui les fait tous descendants du marabout Sidi-Abd-Allah.

Jusqu'à notre occupation, le sanctuaire fut respecté. Les troupes beylicales elles-mêmes, venues plusieurs fois pour châtier les Kroumirs, n'osèrent pas y pénétrer.

Mais en 1881, les Kroumirs se réfugièrent sur le plateau avec leurs femmes, leurs enfants et leurs troupeaux. Il sembla, à ce moment, que le ciel manifestait son courroux contre nos troupes qui osaient affronter l'assaut de la montagne sainte. En effet, des orages se succédèrent pendant plusieurs jours, le tonnerre et les éclairs faisant rage de tous côtés. La division Delebecque, massée à Bled-Mana, au pied de la montagne, s'attendait à une résistance énergique. Cependant, le 8 au matin, la division se met en marche par colonnes, chaque brigade étant protégée par des artilleurs et l'ascension du Djebel-Melah commence. Bientôt, la brigade Vincendon arrive sur le plateau, mais les Kroumirs l'avaient abandonné. L'occupation du marabout, qui jusqu'ici n'avait été souillé par aucun chrétien, fut d'un effet moral prodigieux. Beaucoup de Kroumirs vinrent faire leur soumission, et le résultat décisif de la campagne fut dès lors assuré.

Non loin du Djebel-Melah un camp français avait été établi. C'est là que se trouve aujourd'hui Aïn-Draham, village européen et on peut dire, aussi, cosmopolite, car il est habité par des Français, des Maltais, des Israélites et des Arabes. La voiture changeant de chevaux à Aïn-Draham, je descends déjeuner à la hâte, puis je continue ma route sur Tabarka, situé à 25 kilomètres environ. Je suis, à ce moment, complètement rassuré sur les Kroumirs. Les indigènes me paraissent absolument inoffensifs ; ils ont d'ailleurs conservé, comme les Kabyles, une belle tradition, c'est le droit de protection ou d'inviolabilité pour le voyageur : l'anaïa. Quand un voyageur traverse un pays où il craint une attaque, il se munit d'un gage d'*anaïa*. Tantôt c'est une lettre, un fusil, un bâton qui lui sert de sauf-conduit. Tantôt le Kroumir le fait accompagner par son chien ou son serviteur ; quelquefois il escorte lui-même le voyageur.

Bien que je ne sois pas muni de l'anaïa, je ne suis, malgré cela, nullement inquiété et je ne songe plus qu'au plaisir de voir Tabarka et de respirer pendant une journée au bord de la mer, pour me remettre de mes fatigues et de toutes mes impressions de voyage en Tunisie. La voiture suit encore, pendant assez longtemps, une route ombragée par de grands arbres, une véritable forêt, puis elle descend graduellement au milieu de broussailles avant d'atteindre une immense plaine plantée de récoltes de toute sorte. Elle suit ensuite une vallée et le lit d'un ancien fleuve et arrive enfin à Tabarka, point terminus de mon voyage. Je m'installe à l'hôtel, j'y dîne et je passe ma soirée à visiter le port et à respirer le bon air de la mer.

Le 6 avril, je parcours Tabarka tout à mon aise, ayant résolu d'y consacrer la journée, et ne pouvant, d'ailleurs, en partir que par la voiture du lendemain.

Tabarka, à en juger à première vue, comprend deux parties bien distinctes, le petit port situé près du village et l'île portant le même nom. Cette île est dominée par les ruines d'un fort génois. Le village était autrefois d'une certaine importance, grâce à la pêche du corail qui attirait dans ces parages quantité de pêcheurs et de marchands.

Le droit de pêche était jadis la propriété des Espagnols, puis il passa entre les mains d'une famille génoise, les Lomellini qui firent construire la citadelle encore existante. Mais, lors de la guerre qui eut lieu entre la France et Tunis, en 1741, le Bey de Tunis s'empara de l'île et son frère fit jeter bas tous les murs de défense. Il ne respecta que le fort de Charles-Quint. On voit aussi les débris d'une construction très importante en apparence, si l'on en juge par plusieurs salles remplies aujourd'hui de décombres. On pense que ce monument n'était autre que des thermes. Dans la même direction se trouvait une église où l'on a découvert des mosaïques et plusieurs tombes.

Tels sont les seuls restes d'antiquités qui existent à Tabarka. Tout le charme de ce petit pays consiste dans sa jolie situation et ses charmants paysages. Je me rends, ensuite, à l'île où je visite le vieux fort aujourd'hui ruiné, mais d'où l'on jouit d'un panorama merveilleux sur toute la côte. L'île n'est plus habitée que par quelques pêcheurs. Je rentre à Tabarka où je dois passer ma dernière soirée. Je parcourus de nouveau les rues du village et le petit port dont je garderai toujours le souvenir, par la beauté des sites qui les entourent.

Je reprends, le 7 avril, la route de Souk-el-Arba où je dois retrouver mes bagages que j'y ai fait expédier directement de Tunis, devant poursuivre, de là, ma route sur l'Algérie.

En quittant la France, j'avais résolu de consacrer un mois à l'exploration de l'intérieur de la Régence et mon programme se trouvait scrupuleusement rempli, mais j'avais aussi formé le projet de poursuivre ma route jusqu'à Biskra, Bou-Saâda et Touggourt. J'étais donc rendu à peine à la moitié de mon voyage, lorsque je quittai la Tunisie pour me rendre à Constantine. Là je pris quelques jours de repos, avant de gagner Biskra et le désert que je traversai à cheval et à dos de chameau, jusqu'à Touggourt, en passant par Bou-Saâda. Mon retour à Biskra s'effectua par le même moyen de transport, et je rentrais à Paris, le 25 mai, aussi alerte et dispos que j'en étais parti près de trois mois auparavant.

ÉTUDE GÉNÉRALE SUR LA TUNISIE.

Exposé historique.

Après avoir décrit mes deux voyages en Tunisie, effectués à quatre années d'intervalle, il me restait pour compléter ces notes prises au jour le jour, et sous l'impression du moment, à les faire suivre d'une étude plus approfondie sur l'histoire du pays, ses races, ses tribus, ses mœurs, la nature de son sol, son climat, son commerce, son industrie, ses institutions, tout ce qui constitue, en un mot, la vie d'une nation. Il me restait aussi à faire ressortir les bienfaits du protectorat et les progrès réalisés par la construction des grands travaux publics exécutés dans toute la régence, depuis l'occupation française.

Lors de mon premier voyage en effet, en 1889, j'avais pu constater combien il était pénible de débarquer loin des villes dépourvues de port, après une traversée déjà longue et souvent mouvementée. Lors de mon second voyage, en 1893, j'avais la satisfaction de constater l'ouverture du port de Bizerte, l'achèvement de celui de Tunis, et l'avancement considérable des travaux des ports de Sfax et de Sousse. De plus, dans l'espace de ces quatre années, des voies de communication avaient été ouvertes dans toutes les directions.

Mais, disons-le de suite au début de cette étude, si la

Tunisie est aujourd'hui si prospère, elle doit surtout cette prospérité au protectorat de la France. Elle la doit aussi à la sage et prudente administration de ses Résidents généraux qui ont su, au milieu des mille difficultés qui leur incombaient, maintenir sans cesse la bonne harmonie entre les pouvoirs publics et éviter les conflits. La France, en un mot, a compris que la meilleure garantie de tranquillité et de paix, dans un pays nouvellement soumis, était d'en respecter les mœurs et les coutumes. Elle s'est inclinée devant l'autorité de son A. le Bey de Tunis, tenant compte de sa souveraineté sur ses sujets, et cherchant simplement avec lui les moyens d'améliorer les institutions du pays, ou d'en fonder de nouvelles dans l'intérêt de tous. C'est ainsi que le service postal et télégraphique a été étendu dans toute la régence, et que de nombreuses écoles indigènes et françaises ont été créées. C'est ainsi, comme je le disais plus haut, que des voies de communication ont été ouvertes et que des ports ont été creusés dans le but de faciliter les transactions et d'accroître par-là même, la richesse publique. Mais avant de parler des travaux et des progrès accomplis de nos jours, qu'il me soit permis pour un instant de me reporter quatorze siècles en arrière, aux origines mêmes de la Tunisie.

L'histoire de la Tunisie est des plus intéressantes à étudier, car il est peu de pays qui ait eu à subir autant d'invasions, depuis les Berbères et les Romains jusqu'aux Vandales, les Byzantins et les Turcs, pour faire place, enfin, à la domination arabe. On voit alors accourir en Tunisie, les anciens Berbères, autrement dit les Kabyles, puis les Maures, les nègres, les Israélites, enfin les Maltais, les Siciliens et les Espagnols qui habitent des pays voisins.

La Tunisie, comme je viens de le dire, était donc occupée primitivement par les Berbères. Ce sont eux que rencontrent les Carthaginois et les Romains, quand ils envahissent l'Afrique. Quant aux Phéniciens qui vinrent ensuite, ils ont laissé peu de traces de leur passage. Et pourtant, ils créèrent des villes, des comptoirs, creusèrent des ports. Ce qui reste surtout en Tunisie de ces temps reculés, ce sont des tombes, des dolmens, ressemblant d'une façon frappante aux monuments mégalithiques de l'Europe.

En dehors de ces tombeaux, ce sont les ruines romaines qui dominent partout en Tunisie. C'est donc la période romaine qui fixera principalement notre attention, car c'est de cette époque, aussi, que date le point de départ de la civilisation en Tunisie. Ce sont les Romains qui donnèrent un véritable essor au commerce, aux arts, à la colonisation, et qui construisirent ces grands travaux qui font aujourd'hui, encore, notre admiration.

Quant à l'époque vandale qui succéda à l'époque romaine, elle fut heureusement de courte durée. Disons, cependant, en l'honneur de cette race, qu'elle sut encore protéger les lettres, et donna le jour à quelques grands hommes, notamment à des poètes qui chantèrent, surtout, les jeux et les fêtes données par leurs rois. Un de ces poètes les plus fameux fut Luxorius. — Il en fut de même de la période byzantine qui produisit le poète Corippus dont les vers consistaient, aussi, à chanter les vertus et les faits d'armes des grands hommes de ce temps. Cette époque donna naissance également à quelques historiens célèbres, notamment à Victor de Tunis.

La période musulmane qui date de l'année 698, jusqu'à

l'occupation française peut, elle-même, se diviser en plusieurs époques : l'époque arabe, berbère, espagnole, turque et beylicale. Le pays fut d'abord administré par des émirs nommés par le sultan. Puis, aux émirs succédèrent les Aghlabites, puis les Fatimites, enfin les Berbères. Les Berbères eurent à combattre, dès le début, les deux grandes tribus des Hillal et des Soleim qui ravagèrent le pays. Plusieurs villes, notamment Kairouan, furent saccagées. Les Berbères eurent, ensuite, à lutter contre les Normands et contre les arabes révoltés. Arriva, alors, la dynastie Hafside et la croisade de saint Louis, en 1270, époque à laquelle un traité eut lieu entre Abd-Allah, roi de Thunès, et Philippe III le Hardi. Par ce traité, la France déclarait prendre la défense de la chrétienté en Orient. La dynastie Hafside disparaît ensuite, laissant la Tunisie perpétuellement en révolte. C'est alors que Charles-Quint arriva à Tunis, en 1535, pour restaurer sur le trône Moulaï-Hassein qui s'était réfugié auprès de lui, mais, aussitôt après le départ de Charles-Quint, Moulaï Hassein était détrôné et massacré. Les Espagnols n'eurent pas plus de succès. Ils furent battus et chassés par Sinane Pacha qui inaugura la période turque en Tunisie. L'autorité passa entre les mains d'un Pacha, sous le contrôle d'un conseil appelé Divan. Le Divan était composé de 40 militaires turcs, tous gradés. Cela dura ainsi jusqu'en 1591, époque à laquelle le Pacha fut remplacé par un Dey nommé à vie. Le Divan fut alors porté de 40 à 300 membres, mais bientôt les Deys, sentant le pouvoir trop lourd, instituèrent deux nouveaux emplois, celui de Bey et celui de Captan Rais. Le Bey était chef de l'armée, et le Captan Rais chef de la marine. Cette organisation nouvelle fut de courte durée.

Les Beys ne comptent plus comme autorité, et sont remplacés par Ibrahim-ès-Chérif qui prend, à lui seul, les rênes du gouvernement, cumulant tous les emplois. Malheureusement la piraterie, profitant de ce désarroi, commençait à ravager toutes les côtes et à faire quantité de captifs. — Ibrahim-ès-Chérif était toujours au pouvoir, mais, en 1705, il fut battu par les Algériens, fait prisonnier, et les Aghas prennent sa place, nommant Hussein-Ben-Ali, chef de la nouvelle dynastie. — Hussein-Ben-Ali régna jusqu'en 1740 et fut assassiné par son neveu. Plus tard, ses trois fils lui succédèrent, à quelques années de distance. Le dernier eut pour successeur Hussein-Bey, puis vint Mahmoud-Bey et, deux ans après, son fils Ahmed. C'est à dater de cette époque que le pays commença à se rapprocher des idées européennes et de la France. Les marchés d'esclaves furent bientôt supprimés, ainsi que la piraterie. Mahamed-Bey qui succéda à Ahmed ordonna la restauration des aqueducs de Carthage et fit venir l'eau de Zaghouan à Tunis. Saddok-Bey succéda à Ahmed, en 1856, mais ne put faire face à la situation très obérée des finances, ayant dû déjà recourir à de nombreux emprunts.

C'est alors que la France intervint par son protectorat, mettant ainsi un terme à toutes les difficultés et à l'état critique du pays. L'expédition de la Tunisie fut décidée et, après quelques combats sans importance, le traité du Bardo était signé. Saddok-Bey étant mort au mois d'octobre 1882, Ali-Bey, son frère, lui succéda et c'est à dater de cette époque que commença véritablement l'ère de tranquillité pour la Régence.

Après cet exposé sommaire de l'histoire de la Tunisie,

depuis son origine jusqu'à nos jours, nous reviendrons sur nos pas, à l'époque romaine, nous proposant de mettre en relief les travaux d'art accomplis pendant cette longue période de paix et de prospérité.

Époque Romaine. — Ses grands travaux. — Ses ruines.

Maîtres du pays, les Romains en profitèrent pour relever Carthage de ses ruines, et pour exécuter la construction de monuments dont on retrouve, à chaque pas, de merveilleuses traces. Ils furent, aussi, les premiers à comprendre que, pour arriver à coloniser un pays, les choses les plus indispensables étaient l'eau et les moyens de communications. C'est pourquoi on aperçoit de tous côtés des ruines d'aqueducs et des vestiges de routes. Et pour ne parler que des principaux aqueducs, citons, en première ligne, celui qui servait à amener l'eau de Zaghouan à Carthage et dont les restes sont encore imposants. On a pu, comme chacun le sait, les utiliser en les restaurant, et c'est ce même aqueduc qui conduit l'eau aujourd'hui à Tunis. Cette eau était captée, jadis, dans l'ancien temple de Zaghouan que j'ai décrit. Elle était recueillie dans un bassin, à sa sortie de la source, puis elle se répandait dans l'aqueduc et parcourait ainsi plus de 80 kilomètres avant d'arriver à Carthage. L'eau était ensuite conservée dans un grand réservoir. — Comme l'eau de source ne suffisait pas, dans certaines régions, à alimenter la population, les Romains avaient soin, également, de capter l'eau de pluie et de la conduire dans des citernes. On y recueillait, généralement, l'eau des toits, des rues et des places. Indépendamment des citernes publiques, chaque maison avait, souvent, sa citerne particulière. On trouve encore des traces de ces citernes à El-Djem, à Mahdia et dans presque toute la Tunisie.

Mais, comme nous le disions plus haut, il fallait aussi, aux Romains, autre chose que l'eau pour coloniser. Il leur fallait des routes pour exploiter le pays, et des ports pour rendre plus faciles les transactions par mer. Voilà pourquoi on retrouve, partout, des traces de voies romaines qui aboutissaient presque toutes aux ports. Il existait d'abord une grande voie, sur toute la côte, ainsi que les anciennes cartes géographiques en font foi. Une autre voie traversait l'intérieur des terres, desservant les grands centres, mais, la plus considérable fut, paraît-il, terminée sous le règne de l'empereur Hadrien. Elle avait pour but de relier Carthage à Tébessa, les deux villes les plus importantes de l'Afrique. Cette route avait aussi un intérêt stratégique. Elle fut entretenue de tout temps, même sous l'occupation byzantine. Il existait, enfin, une autre route partant de Carthage, dans la direction du cap Bon, desservant les villes du Sahel, tandis qu'une autre voie allait jusqu'à Gabès, desservant les oasis. — Indépendamment de ces grandes artères, on trouve quantité d'autres pistes destinées à relier entre elles les localités moins importantes. Quant aux ports, on en voit, aussi, des vestiges à Sousse et à Mahdia, ainsi que sur toute la côte. Ces ports étaient, souvent, mis à l'abri des coups de mer par de longues jetées.

Parmi les nombreux ponts construits par les Romains et que l'on rencontre sur les tracés des anciennes routes, plusieurs sont en bon état de conservation. On remarque, surtout, le pont de Sbeitla et celui de l'oued Béja. Citons, encore, le barrage de Cillium, dans la Tunisie centrale, ayant pour but, comme tous les travaux de cette nature, de fermer les vallons, afin d'y grouper tous les filets d'eau et d'en régler la marche.

Ces travaux des Romains m'amènent forcément à parler des autres ruines importantes, disséminées dans toute la régence, et que je n'ai fait qu'effleurer dans le récit de mes voyages écrits en courant. Ma première description doit être pour Carthage, malgré la cruelle déception que j'ai éprouvée, ainsi que je l'ai dit, déjà, en parcourant les tristes débris d'une cité jadis si florissante, et sur l'emplacement de laquelle les archéologues, eux-mêmes, étaient encore en désaccord, il y a un siècle à peine. Chacun sait que Chateaubriand, en visitant Carthage, cherchait aussi à se rendre compte de sa véritable situation.

Disons, de suite, que le véritable emplacement de Carthage paraît n'avoir été trouvé que lors de la découverte de ses nécropoles. Il est un fait connu et avéré que les anciens avaient l'habitude d'inhumer leurs morts, à la sortie des villes. La voie des tombeaux, à Pompéi, en est une preuve certaine. Les différents quartiers de Carthage où l'on a mis à jour des sépultures puniques ont servi de point de départ pour déterminer la situation vraie de la ville. Les cimetières Romains, également, découverts d'un autre côté, ont permis aux archéologues de s'orienter plus facilement. — En dehors de ces nécropoles, on a constaté que des sépultures romaines existaient à Sidi-Bou-Saïd et à la Marsa. Enfin, la découverte des cimetières chrétiens, toujours en dehors des murs, est venue dissiper tous les doutes. Le plus important de ces cimetières chrétiens est celui de Damous-el-Karita où l'on a retrouvé quantité d'inscriptions en l'honneur d'évêques, de prêtres, de vierges et de simples fidèles. Quant à la Carthage punique, à part les tombeaux, il n'en existe pas de trace authentique, aucune pièce qui puisse correspondre à cette époque n'ayant été retrouvée. On a simplement découvert, dans le voisinage des tombeaux, deux ex-voto à Tanit et à Baâl Hammon et qui font supposer que l'emplacement des temples devait se trouver entre la mer et le sommet des collines. On conclut, de là, que la ville punique ne dépassait pas ces hauteurs. Les indigènes ont donné le nom de Khérib, autrement dit « Ruines », à cette partie de la ville primitive qui sert aujourd'hui de carrières.

Quant à la Carthage romaine dont l'emplacement est défini également par les cimetières, elle renferme encore les vestiges des voies qui devaient la traverser. Une portion de l'enceinte se trouvait être entre la Malga et la mer. L'autre partie est moins bien définie que la première. Enfin, les ruines de l'amphithéâtre, de l'aqueduc et des réservoirs de la Malga sont des preuves indiscutables de l'emplacement exact de la cité romaine. Il en est de même des thermes que l'on voit au bord de la mer. D'autres monuments et surtout, des temples dédiés, comme à Pompéi, à des divinités païennes, devaient exister à Carthage, mais ils n'ont laissé aucune trace sur le sol. On suppose, simplement, d'après certains indices, que les temples dédiés à Esculape, Minerve, Jupiter, ainsi que les temples de la Concorde et de Junon, devaient dominer la ville et être situés sur la colline Saint-Louis. C'est là, également, que devaient se trouver le capitole, le prétoire, la curie, les prisons, etc. — On suppose que le Forum était près de la mer, puisque saint Augustin et Procope l'appelaient la place maritime. Quant aux rues, on ne connaît, d'une façon positive, que les noms de trois d'entre elles. Les autres noms mis en avant ne sont basés que sur des suppositions. On pense, aussi, que plusieurs portes accédaient à la ville. Une des découvertes les plus intéressantes a été celle de la villa Scorpianus située à peu de distance de l'amphithéâtre, et qui renfermait une fort belle mosaïque.

Il nous reste à dire quelques mots de la ville chrétienne. La situation des cimetières chrétiens a servi aussi à établir l'emplacement de cette ville. C'est, en effet, en dehors de l'enceinte de Carthage qu'on a trouvé le plus d'églises, de monuments chrétiens et de tombeaux. Le principal édifice chrétien était la basilique de Damous-el-Karita que l'on croit être la même que l'église appelée *Restituta,* résidence des évêques, ou encore *Basilica major*. On suppose qu'il existait aussi quelques églises dans l'intérieur de la ville. En 1895, une chapelle souterraine a été découverte. Enfin, comme je l'ai dit, en explorant moi-même les ruines de Carthage, le Musée Saint-Louis renferme toutes les collections d'objets recueillis sur place depuis le commencement des fouilles. — Elles sont classées en trois catégories, représentant l'époque punique, romaine et chrétienne. Je ne reviendrai pas sur tous ces détails et j'aborderai la description des autres ruines romaines de la Régence.

Parmi les grands travaux d'art destinés à la conduite des eaux, ajoutons à ceux déjà cités : le pont aqueduc d'Utique, l'aqueduc de Dougga et les citernes d'Oudna. Ces aqueducs et citernes sont à peu près construits sur le même modèle.

Tantôt les aqueducs sont souterrains, tantôt ils rasent le sol ou le dominent. Quant aux citernes, elles diffèrent peu de celles de Carthage déjà décrites. Elles se composent de compartiments parallèles plus longs que larges. On en compte 5 à Dougga, 6 à Utique, 7 à Oudna, 14 au Kef, 24 à la Malga, 25 à Thapsus. Ces divers bassins communiquent entre eux par de petites portes. Un compartiment perpendiculaire aux autres recueille les eaux clarifiées. Les eaux s'échappent au dehors par des canaux sur lesquels des tuyaux de conduite viennent s'adapter.

Si les aqueducs sont à peu près semblables, on peut en dire autant des autres monuments publics. Dans presque toutes les villes qui ont pris Rome pour modèle, on voit, à l'entrée, un arc de triomphe. Il était élevé le plus souvent en l'honneur d'un empereur. Toutefois, ces arcs de triomphe affectent souvent des formes différentes. Quelquefois ils se composent d'un grand arc unique; quelquefois aussi, la grande arcade est flanquée de deux petites portes qui l'encadrent et servent de passage aux piétons. On rencontre sans aller bien loin, en France, à Autun, ce même type d'arcs de triomphe à trois portes. Sous le grand arc passait généralement une voie pavée, avec trottoirs, et qui conduisait au forum. Cette voie, en Tunisie, était la même qu'en Italie. Le forum était une place sur laquelle se traitaient toutes les affaires importantes, politiques ou autres. C'est là aussi qu'avaient lieu les réjouissances publiques. Ces places étaient entourées de galeries avec colonnes, sous lesquelles les habitants avaient coutume de se promener, en se tenant au courant des nouvelles. Autour du forum gravitaient les principaux monuments: le tribunal, la bourse, la curie. C'est là que siégeaient les juges, les commerçants, le conseil municipal ; aussi le forum était-il l'objet d'un véritable culte de la part des citoyens. Il était souvent décoré des statues des empereurs ou des hommes marquants de la cité.

Les monuments religieux étaient aussi somptueux que les autres édifices publics. Ils étaient presque toujours copiés sur le modèle des édifices de la Grèce ou de Rome. La plupart de ces temples étaient dédiés à des dieux ou à des divinités, soit à Apollon, Esculape, Hercule, Diane, Vénus. Plus tard, ils furent remplacés par des basiliques telles que celles de Damous-el-Karita à Carthage, ou celle de Sicca-Veneria au Kef, mais j'aurais dû citer, avant tous ces temples, celui de Dougga que j'ai décrit lors de mon passage dans cette localité. Il est désigné sous le nom de Capitole et dédié à Jupiter, Junon et Minerve. Six de ses colonnes sont en parfait état de conservation. Elles sont cannelées, élégantes et supportent, comme je l'ai dit, un fronton.

Continuant la description des autres monuments de Dougga, j'arrive de suite au théâtre. Par un hasard assez curieux, je me trouvais à Dougga, en 1893, au moment où M. le Dr Carton faisait procéder un déblaiement de cet édifice. Je pus donc en suivre les fouilles avec intérêt. Une grande partie des gradins et de la scène étaient déjà déblayés, et je vois aujourd'hui, par une photographie que j'ai sous les yeux, que ce monument doit compter parmi les plus curieux de la Tunisie. On peut juger, en outre, de son importance par l'immense quantité de colonnes et de soubassements mis à jour. Ce théâtre, comme je crois aussi l'avoir dit, avait été construit aux frais d'un riche habitant de Dougga, Marcius Quadratus, qui en avait fait don à sa ville natale. Nous ne pouvons clore la série des monuments de Dougga sans signaler le sanctuaire de Cœlestis qui a été aussi découvert par M. le Dr Carton. C'était un petit temple dédié, d'après les inscriptions, à Septime-Sévère, en 195. On y pénétrait par deux portes latérales ; la façade présentait une galerie à colonnes; enfin, le mausolée punico-berbère dont il manque malheureusement plusieurs parties.

Nous ne citerons que pour mention l'arc de triomphe de Chaouach, la basilique d'Enchir-Riria, la fontaine de Ksar-el-Hadid, le capitole de Medeina, les mausolées d'Enchir Guergour et de Sidi-Aich que nous n'avons pas eu la bonne fortune de visiter, et nous terminerons la nomenclature des monuments anciens de la Régence par le célèbre amphithéâtre d'El-Djem déjà décrit, et par la citadelle byzantine de Téboursouk qui marque pour ainsi dire l'ère de dévastation de la Tunisie.

Puis vient la conquête du pays par les arabes qui, s'ils n'ont rien détruit, n'ont rien fait non plus pour relever le pays de ses ruines.

Ayant ainsi terminé la description des monuments anciens, nous suivrons fidèlement le programme que nous nous sommes tracé au début de cette étude, et nous dirons quelques mots de la géographie de la Tunisie, de son sol et de son climat.

Géographie de la Tunisie. — Son sol. — Son climat.

La Tunisie est située entre les 6e et 10e degrés de longitude orientale dans l'hémisphère boréal. Elle est contiguë au Sahara d'une part, et de l'autre à l'extrémité montagneuse de l'Afrique du Nord. Une partie de ces montagnes porte le nom de montagnes des Kroumirs dont certains sommets atteignent plus de 1,000 mètres. Mais, les cimes les plus élevées se trouvent dans la chaîne centrale qui vient aboutir au cap Bon. On remarque surtout le Djebel-Djoukar et le Djebel-Zaghouan. La Tunisie est sillonnée également d'immenses plaines très fertiles appelées Sahel ; au sud des Chotts, commence la région du Sahara. La côte, dans la direction de Tabarka, est généralement boisée et élevée. Puis s'ouvre la baie de Bizerte, très sûre pour les navires. On aperçoit alors l'île Plane et le commencement du golfe de Tunis. A l'embouchure de la Medjerdah, on voit apparaître Porto-Farina et on arrive au cap Kamart, puis au cap Carthage, au pied de Sidi-Bou-Saïd. La colline de Byrsa domine alors la situation et l'on atteint le port de la Goulette. Suivent ensuite Radès, Hammam-Lif. La côte est hérissée de rochers jusqu'au cap Bon. Près du cap Bon, se trouvent les îles Zembra et Zembretta. La côte est ensuite semée de nombreux et importants villages, avant d'atteindre le golfe d'Hammamet où l'on distingue Sousse et Monastir. Le littoral est, en cet endroit, très marécageux. Près de là se voient les îles Kuriat et Egdemsi, puis on atteint Mahdia avant d'arriver au golfe de Gabès. A l'entrée du golfe se trouve Sfax, et, vis-à-vis, les îles Kerkennah. Enfin, Maharès et Gabès. Le golfe prend fin au cap El-Djorf en face duquel se trouve Djerba.

Le climat de la Tunisie est absolument salubre, quoique assez variable, surtout dans la partie montagneuse. Sur la côte, la température est à peu près identique à celle des côtes d'Italie ou de Sicile. La chaleur n'est vraiment forte que pendant les trois mois de juin, juillet et août. Vient ensuite la saison des pluies en octobre, novembre, décembre, et quelquefois de la neige en janvier et février. Enfin le printemps, de mars à la fin de mai. Dans la partie saharienne, la température varie entre 35 et 40° en été. En hiver elle est seulement de 3 ou 4°. A Tunis même, pendant les mois les plus chauds, la température s'élève à 30 ou 35° ; en hiver à 3 ou 4°, et au printemps à 15 ou 16°.

Les cours d'eau sont peu nombreux en Tunisie. Il faut citer dans l'atlas l'Oued Méridj, l'Oued el Kébir, l'Oued Sedjenam, enfin la Medjerdah, le seul fleuve important. Il arrive en Tunisie, près de Ghardimaou et donne son nom à l'immense plaine qu'il traverse. Il passe également à proximité des villes de Souk-el-Arba et de Souk-el-Kmis. Ses affluents sont, à gauche, l'Oued Béja ; à droite, l'Oued Mellègue et l'Oued Sarrat.

L'Oued Miliane qui prend sa source dans les montagnes de Zaghouan se jette dans la rade de La Goulette.

Quelques cours d'eau arrivent aussi à la mer, tels que l'Oued el Hathob, l'Oued Zeroud, l'Oued Merguellil. Enfin l'Oued Gabès qui se jette dans le golfe de Gabès.

Races et Tribus.

Passons maintenant en revue les différentes races et tribus qui peuplent actuellement la régence, avant de parler de leurs industries et de leur commerce.

Après la race berbère qui constitue pour ainsi dire une

race à part, c'est partout la race arabe qui domine en Tunisie. Il y a aussi le Kabyle, mais qui n'est autre que l'ancien Berbère. L'Arabe se reconnaît surtout à son nez long et aquilin. La face est également longue, les yeux grands et foncés, la barbe noire. Les Kabyles ont plutôt la figure large, le corps plus développé et les cheveux roux. Quant aux Berbères ils sont également petits, la tête est plus longue dans son ensemble, mais large à la partie postérieure. Le front est bas, les yeux petits et foncés, la bouche est large. Les Berbères de Nabeul ont les cheveux blonds et les yeux bleus. Une grande partie des Berbères habite la Kroumirie et les plateaux du centre.

Enfin en dehors de ces trois races principales il faut citer, comme nous l'avons déjà dit, les Maures, les Nègres, les Israélites, les Maltais et les Siciliens, sans compter les nombreux Espagnols et Français habitant surtout Tunis.

Les populations berbères demeurent, le plus généralement, dans des huttes ou gourbis. Ces constructions sont des plus primitives. Les murs sont composés de pierres et de boue séchée au soleil, et le toit est en paille ou en branches de bois mort. Les Arabes habitent aussi quelquefois des gourbis, mais le plus souvent des tentes formées d'étoffes confectionnées par les femmes. Ces étoffes sont faites de poils de chèvre ou de chameau. Elles sont fixées en terre à l'aide de pieux. Le bas de la tente est fermé par des branchages. Les Kabyles recherchent les sommets des montagnes pour y construire leurs huttes. Leurs femmes sont de véritables bêtes de somme, se livrant aux travaux les plus pénibles. J'ai vu notamment, à Fort national, des femmes descendant au pied de la montagne pour y puiser

FIG. 7. — Femme arabe riche, en costume de ville, à Tunis.

(Gravure extraite de la *Revue Générale des Sciences*).

de l'eau, et remontant avec une énorme cruche remplie d'eau sur les reins. Il en est de même, en général, de la femme arabe toujours à la peine, tandis que les hommes fainéantent au soleil pendant des journées entières. Les Maures et les Juifs habitent de préférence les villes. Quant aux Maures andalous, certains d'entre eux ont créé des villages et construit des maisons comme de vrais architectes. La population nègre vit ordinairement, à l'écart des autres populations, dans des cases en terre. Disons que toutes ces races sont, à quelques exceptions près, remarquables par leur malpropreté.

Le costume est aussi différent selon les races. Dans la montagne les Kroumirs portent, comme signe distinctif, des ceintures de cuir ornées de franges ; quant aux Arabes, chacun sait qu'ils sont vêtus d'un burnous et qu'ils ont dessous une simple chemise qu'ils ne quittent pas. Elle n'est jamais lavée, et ils ne l'abandonnent que lorsqu'elle est réduite en loques. Leur tête est couverte d'une chéchia, laquelle est entourée d'un turban blanc, chez les Kroumirs ; chez les Arabes, le turban est en poil de chameau. Les jambes sont toujours nues, et les pieds chaussés de babouches ou savates variant de couleur. Les races les plus civilisées portent des babouches en cuir jaune.

Le costume des femmes ne varie guère. Les tunisiennes portent toutes le même. A la campagne, il diffère peu de celui de la ville. La partie supérieure du corps est vêtue d'une sorte de peplum ouvert sur les côtés. Cette étoffe est généralement en laine bleue.

Une seconde étoffe, également fendue sur le côté, revêt la partie inférieure du corps. Ce costume rappelle un peu celui des femmes grecques de l'antiquité. Ces deux étoffes sont réunies l'une à l'autre par des bijoux d'argent ou de cuivre. Un turban entoure la tête comme celle des hommes, laissant échapper une étoffe rouge qui tombe sur les épaules. Les oreilles sont ornées de boucles d'oreilles volumineuses fixées au turban ou aux nattes des cheveux. Des colliers formés d'ambre ou de corail sont suspendus au cou. Les négresses y ajoutent jusqu'à des morceaux de tuyaux de pipes, de fer-blanc, des coquillages, des boutons, etc. Les classes plus fortunées parmi les hommes revêtent parfois d'assez jolis costumes, surtout dans les parades ou les fantasias. Les arabes portent ces jours-là des bottes rouges et des gilets brodés jaunes ou autrement. La tête est coiffée du bonnet de plumes d'autruches. On revêt également le cheval d'une selle de velours rouge brodé d'or et d'argent, mais il arrive, malheureusement dans ces sortes de fêtes, que les arabes, grisés par la poudre, se blessent entre eux. Certains, par mégarde ou intentionnellement, oublient dans leurs fusils quelques balles qui font assez souvent des victimes. Je me souviens qu'à Alger, il y a une dizaine d'années, une véritable panique se produisit dans les tribunes remplies d'une foule compacte. Deux ou trois balles vinrent frapper des femmes et des enfants, et causèrent un véritable affolement dans l'assistance.

Parmi ces mêmes races que nous venons de décrire, il existe une certaine différence entre celles des côtes et celles de l'intérieur. Il en est de même au point de vue de la civilisation. Les habitants de Bizerte, par exemple, ne valent pas ceux du cap Bon, et ceux de Sfax sont supérieurs à ceux du Sahel. Il est à noter aussi, qu'au point de vue physique le type est beaucoup plus pur à Djerba que chez les populations voisines de la montagne qui ressemblent assez à nos types de Bretagne ou d'Auvergne. Les habitants du Sahel n'ont pas, non plus, la physionomie des autres arabes. Les races de Bizerte, de Sfax, de Sousse sont d'une nature plus sauvage que les autres et appartiennent à la race berbère proprement dite. La presqu'île du cap Bon renferme un type andalou assez caractérisé. Si les races de ces différentes contrées sont variées, les costumes le sont aussi. Au cap Bon, par exemple, la blouse que portent les indigènes est rayée ; à Sousse, elle est plus courte qu'ailleurs et plus claire ; à Hammamet, elle est également voyante, avec des dessins de laine rouge. D'autres ont des dessins blancs ; souvent aussi certains indigènes ont un manteau pareil à la blouse ; ce manteau est à capuchon et à manches, mais il est simplement posé sur l'épaule. Les habitants des montagnes ne portent pas ordinairement de blouses. Ils s'enveloppent dans une longue étoffe qu'ils jettent sur la tête. A Kerkennah et à Djerbah, on porte des blouses à peu près semblables, noires ou brunes, mais les unes sont bordées de laine rouge et blanche, les autres de laine bleue et jaune.

Bref, avec un peu d'habitude et un séjour assez long en Tunisie, il est facile de reconnaître les indigènes de chaque localité. Il en est de même des femmes. Sur le littoral, elles sont vêtues de blouses, mais sans manches. Ces blouses sont brunes ou claires. Il n'y a guère qu'à Sfax et à Djerba où les femmes ont conservé l'usage du peplum. Elles ont une coiffure particulière à l'île. Elles ont la tête couverte de chapeaux à pointes. Ajoutez à cela des breloques de toute sorte et de tout modèle. Ce qui produit le plus d'impression c'est le voile noir démesurément long dont se parent la plupart des femmes dans les villes. Je me souviens en avoir vu des groupes accroupis dans les cimetières le vendredi autour des tombes, et ce mélange de noir et de blanc est très saisissant.

Les populations des villes, comme on le voit, sont assez distinctes de celles des campagnes. Il en est de même au point de vue des mœurs. A Tunis, par exemple, où il y a un mélange de sang européen, il arrive que des mariages ont lieu entre races de différentes religions. L'instruction y est aussi plus développée, mais ce qui caractérise, avant tout, l'habitant de Tunis, c'est son extrême insouciance et son apathie. Il se tient ordinairement dans les souks, nonchalamment étendu derrière son comptoir et ne se mettra en mouvement qu'à l'approche des clients. Il n'en est pas de même de la population juive très active. Les Israélites excellent surtout dans la bijouterie, comme à Alger, ou dans la broderie. Les autres commerces sont entre les mains des indigènes de telle ou telle contrée. Chaque pays a sa spécialité. Les épiceries sont tenues par les M'zabites ; les poteries par les habitants de Djerba ou de Nabeul ; Gabès fournit les cuisiniers ; Rhadamès les boulangers. Il faut reconnaître aussi que les habitants de Tunis sont d'une politesse très grande, parfois même exagérée. Leur costume se compose d'une sorte de veste en laine, ouverte sur le côté, quelquefois en drap bleu en hiver, et l'été, en soie jaune. La chéchia est la coiffure réglementaire. Elle est entourée quelquefois d'un turban de soie ou de coton. Les Tunisiens aisés portent presque tous des souliers vernis, mais toujours très courts.

Les femmes tunisiennes, au lieu de porter des vestes

Fig. 8. — Femme arabe pauvre, en costume de ville, à Tunis.

(Gravure extraite de la *Revue Générale des Sciences*).

larges et des pantalons bouffants, comme les Mauresques d'Alger, portent, au contraire, des vêtements plus collants. Ils sont soit blancs, soit brodés comme celui des Juives dont les costumes sont typiques. Ces dernières, dans leur intérieur, portent des sortes de blouses larges et courtes en coton blanc, avec pantalon de même tissu. C'est le costume de tous les jours, mais les jours de fête, ce costume fait place à d'autres beaucoup plus riches. Elles portent un gilet et une veste généralement brodés d'or ou d'argent, avec pantalon presque collant, assorti au reste du vêtement. Ce qui frappe le plus, c'est le laisser-aller de ces femmes que l'on engraisse en vue du mariage, et qui atteignent parfois des proportions phénoménales. Elles sont chaussées à moitié pied de pantoufles montées sur talon très haut, et coiffées d'une sorte de bonnet pointu brodé d'or ou d'argent d'où s'échappe, par derrière, un foulard de soie. Ce costume très original frappe beaucoup les étrangers, lors de leur arrivée à Tunis. Il est souvent d'une très grande richesse.

Les Tunisiennes excellent aussi dans l'art du maquillage. Elles se font des sourcils, se peignent les lèvres, les joues et se teignent l'extrémité des doigts avec du henné. Quant au voile, il est différent, selon les conditions. Les femmes d'une classe aisée portent, sur le visage, un long foulard de soie qu'elles soulèvent des deux mains, afin de pouvoir se diriger. Les femmes d'une classe inférieure se masquent le front et le bas du visage d'un voile noir et ne laissent apercevoir que les yeux.

Après avoir décrit les huttes, les gourbis et les tentes des populations nomades ou rurales, disons un mot des habitations urbaines.

A Tunis comme dans presque toutes les villes orientales, les maisons sont à terrasse ; à l'intérieur, les appartements rayonnent le plus souvent autour d'une cour dans laquelle les enfants prennent leurs ébats et où les femmes qui sortent peu respirent le frais, tout en vaquant aux soins du ménage. Certaines de ces cours, dans les maisons riches, ont un aspect très décoratif. Les colonnes soutenant les portiques sont en marbre et les murs sont revêtus de faïences de toute couleur. Ces cours forment parfois de véritables jardins. On y voit quantité de plantes grimpantes, même des parterres de fleurs.

Dans les autres parties de la Tunisie, les constructions diffèrent sensiblement. Les chambres sont voûtées et contiguës. Ces constructions sont en terre et pierre, beaucoup plus hautes que celles de Tunis. Telle maison est aussi aménagée d'après le genre de métier des habitants. A Djerba on voit des maisons destinées spécialement à des ateliers. On rencontre aussi des types d'habitations troglodytes. Ces habitations sont creusées dans la pierre ou dans la montagne même, et servent aux animaux comme aux gens. Quelquefois les indigènes construisent leurs maisons sur des sommets très élevés, de façon à pouvoir exercer une surveillance sur les voleurs et les pillards. Certaines d'entre elles sont de vraies citadelles d'où l'on pourrait se défendre en cas de guerre ou d'invasion. On en voit encore quelques-unes de ce genre dans l'île de Djerba où l'isolement en a fait une nécessité.

Enfin, les maisons des oasis de Gabès affectent des formes particulières, de même que les habitants ont un type spécial. Ils sont petits et ont une physionomie plus accentuée, un teint plus cuivré que celui des autres indigènes. Les hommes sont vêtus de burnous en laine dont ils s'enveloppent. Les femmes ont presque toutes le peplum bleu. Les nègres y sont en grand nombre et habitent des villages distincts. Les hommes de cette race sont très peu vêtus et les femmes portent des vêtements de laine rayée rouge et blanche. Les habitations des oasis sont toujours à terrasse, mais la cour de l'intérieur est entourée de pièces à jour et non fermées. Ce qui ajoute à l'originalité et à la beauté de ces oasis, ce sont les cours d'eau et les petits ruisseaux qui les traversent. Chaque propriétaire a droit à une certaine quantité d'eau pour l'entretien de ses jardins et de ses palmiers qui forment, en certains endroits, de véritables voûtes d'une fraîcheur délicieuse. Les habitants exercent pour la plupart le métier de tisserands. Les tapis d'Ouderef, près de Gabès, ont une véritable renommée.

Nous avons fini de décrire les différentes races et leurs habitations. Disons maintenant quelques mots des tribus.

On désigne généralement sous le nom de tribu, une réunion de familles ayant la même origine, la même souche et, partant, les mêmes intérêts. Le membres de la même tribu sont solidaires les uns des autres et se rapprochent, surtout dans les luttes de la vie.

En Tunisie comme en Algérie, les tribus sont très nombreuses et très différentes l'une de l'autre, selon les régions. Nous nous bornerons à indiquer les principales :

Si nous commençons par la région montagneuse, nous citerons d'abord les Kroumirs dont on a tant parlé lors de l'expédition de Tunisie. Ces populations, considérées jadis comme indomptables, sont aujourd'hui absolument calmes.

Elles se livrent paisiblement à la culture et à l'élevage. Certains de ces indigènes travaillent aussi dans les forêts.

Les Kroumirs habitent les montagnes situées entre Tabarka, Aïn-Draham, Fernana et Souk-el-Tnine.

Les autres tribus voisines sont :

La tribu des Beni-Mazen, population laborieuse et intelligente, élevant également des troupeaux.

La tribu des Ghazouan, composée, comme la précédente de cultivateurs ne demandant que leur tranquillité.

Les tribus de la Rekba se subdivisent en plusieurs autres tribus, et ressemblaient jadis aux Kroumirs par leur esprit d'indépendance. Elles sont aujourd'hui pacifiées, mais ont cependant plus de tendances que d'autres à l'agitation, étant d'une nature très belliqueuse.

Les tribus des Ouled-Bou-Salem et des Djen-Doubas, sur les bords de la Medjerdah, sont généralement très à l'aise et par là même jalousées de leurs voisins qui essayèrent plusieurs fois de les razzier ; elles sont calmes et soumises et possèdent de nombreux troupeaux.

La tribu des Amdoun, ainsi que celle des Chiahia, se révoltèrent à plusieurs reprises, ne voulant pas ainsi que les Kroumirs se soumettre au paiement des impôts. Elles vivent aujourd'hui en paix, d'élevage et de culture.

La tribu des Mekna, considérée comme très dangereuse avant l'occupation, ne s'est jamais révoltée depuis ce moment.

Il en est de même de la tribu des Nefza, toujours en guerre autrefois avec ses voisins, et devenue très inoffensive.

Les tribus des Béjaoua, la tribu des Hédilles, des Gerhaba

Fig. 9. – Type de femme bédouine vêtue du peplum.

et Fetnassa, ainsi que la tribu des Bled-Béja, sont considérées commes des tribus d'une humeur très pacifique. Les habitants sont agriculteurs ou pasteurs, et d'un caractère doux. Il ne prirent aucune part à l'insurrection en 1881.

On ne peut en dire autant de la tribu des Mogod. Toujours en guerre, cette tribu vivait en luttes perpétuelles avec ses voisins. Elle se révolta aussi contre les Beys, notamment contre Saddok-Bey en 1867. En 1881, elle prit les armes contre nous, mais fut obligée de faire sa soumission. — Elle n'a pas bougé depuis. Cette tribu habite une contrée ingrate et fiévreuse, et est assez malheureuse.

Il existe dans la région Est deux grandes tribus, celles des Riah et des Zlass. Les Riah se subdivisent en deux autres tribus : les Ouled-Saïd et les Souassi. Ces tribus prirent part à l'insurrection en 1881, après s'être aussi révoltées précédemment contre les Beys. Cette population assez fanatique pratique une religion à part.

La tribu des Zlass se subdivise aussi en fractions : les Ouled-Khelifa, les Ouled-Iddir et les Ouled-Sendassen, sans compter celle des Kaoubs et des Gouazines. Les Ouled-Khalifa sont intelligents, instruits et possèdent une certaine aisance. — Il en est de même des autres tribus qui cultivent des terrains très étendus et possèdent de nombreux troupeaux. Il faut en excepter cependant les Gouazines qui sont plutôt des hommes peu fortunés et peu instruits.

Les autres tribus de cette région sont les habitants du Sahel, populations très pacifiques, puis, les tribus des Metellit et de Bled-Kairouan, cantonnées dans les environs de Sfax et de Kairouan. Les Metellit défendirent la ville de Sfax en 1881, mais ils sont restés très calmes depuis cette époque. Ils se livrent, ainsi que la tribu voisine des Aguerba, à la culture de l'olivier.

La population des îles Kerkennah n'est pas organisée en tribu et n'a jamais pris part à aucune manifestation hostile, même contre les Français.

Les tribus des Neffet et des Mehedba, après plusieurs tentatives de révolte, et après avoir suivi leur chef Ali-Ben-Khalifa, en Tripolitaine, sont rentrées dans l'ordre et se contentent de cultiver la terre et l'olivier.

Les populations de Téboursouk et du Kef ne sont pas constituées en tribus. Les fractions les plus importantes de ces contrées sont les Drides, habitant surtout les territoires de Téboursouk et de Béja. Après l'occupation de la Tunisie, ils s'étaient organisés en trois caïdats : les Drides proprement dits, les Beni-Rezg et les arabes Meijours. Bien qu'ayant, pour la plupart, une origine commune, ces indigènes ont toujours tenu à former des groupes à part. Ils habitent en grande partie la plaine du Sers.

Viennent, ensuite, les tribus de l'Oufina qui se composent des tribus des Ouargha, des Ouled-Bou-Ghanem, des Charen, des Zeghalma, des Ouled-Sidi-el-Mouella, des Khemensa et des Doufan, des Ouled-Yagoub. Nous dirons simplement un mot de chacune d'elles :

Les Ouargha vécurent, pendant longtemps, en hostilité avec les tribus voisines, surtout avec les Charen, mais, en 1881, furent très favorables à notre cause. Ils occupent un terrain boisé difficile à cultiver, mais ils possèdent de nombreux troupeaux.

Les Ouled-Bou-Ghanem furent, comme les Ouargha, longtemps en guerre avec leurs voisins les Fraichiches qui les dépossédèrent, Ils défendirent aussi Constantine contre nos troupes. Ils voulurent se soulever contre nous, en 1881, mais leur tentative ne réussit pas. Les Ouled-Bou-Ghanem sont presque tous pasteurs et sont à la tête de troupeaux importants de chevaux, de bœufs et de moutons.

Les Charen, après avoir été abîmés par la famine et la révolte de 1864, prirent notre parti en 1881. Ils jouissent aujourd'hui d'une certaine aisance et cultivent de nombreux hectares de blé.

Les Zeghalma se joignirent aux Ouled-Bou-Ghanem pour faire échec à nos soldats sous les murs de Constantine, mais ils sont devenus très tranquilles. C'est une population assez arriérée et pauvre.

Les Ouled-Sidi-el-Mouella ont toujours vécu en dehors des luttes et sont réduits à un très petit nombre. Ils possèdent une certaine aisance.

Les tribus des Khemensa et des Doufan, au contraire, prirent part à la révolte, en 1881, dans les environs du Kef. Il n'en fut pas de même des Ouled-Yagoub qui restèrent à l'écart. Ces tribus sont pauvres et les habitants sont des pasteurs.

Parmi les autres petites fractions, il faut citer, dans la région du Nord-Ouest, la tribu des Ouled-Ayar, des Ouartan, des Ouled-Yahia, des Ouled-Aoun, et des Braga.

Les Ouled-Ayar ont quitté l'Algérie pour la Tunisie. D'un tempérament très batailleur, ils prirent part à plusieurs révoltes et spécialement en 1881, ils formèrent une véritable armée de 4,000 hommes qui se dispersa bientôt. Ils n'ont plus bougé depuis, et se livrent à différentes industries.

Les Ouartan suivant l'exemple des Ouled-Ayar se mêlèrent

à l'insurrection de 1881. Ils voulurent entraver la marche de la colonne Forgemol vers Kairouan. C'est une tribu riche, possédant des terrains, des maisons et de nombreux animaux.

Les Ouled-Yahia, peu nombreux, ont rarement manifesté leur hostilité. Ils ne possèdent pour ainsi dire aucun bien et travaillent au service de leurs voisins.

Les Ouled-Aoun furent longtemps en guerre avec les Ouled-Ayar et eurent beaucoup à souffrir de la famine et du choléra, vers 1866. Ils habitent un pays très fertile, et sont dispersés un peu de tous côtés dans la régence.

Enfin, la tribu des Braga est une population de travailleurs, vivant des produits de leurs terres, et de la culture des oliviers.

Une des tribus les plus importantes et très forte, surtout autrefois, est celle des Fraichiches. D'une nature très guerrière, ils ont soutenu des luttes continuelles avec leurs voisins, avec les tribus algériennes et les tribus de l'Oufina. Mais, vers 1867, la famine et le choléra firent de grands ravages parmi eux. Ils sont devenus très paisibles, élèvent des chevaux et des animaux de toute sorte.

La tribu des Madjeurs est composée d'Arabes et de Berbères. Ils se soulevèrent à plusieurs reprises et luttèrent contre la tribu voisine des Hamama. Quelques-uns d'entre eux s'insurgèrent en 1881. — Soumis aujourd'hui, ils s'occupent d'agriculture et de commerce. Les Hamama, tribu aventurière et belliqueuse, luttèrent souvent contre leurs voisins et les armées des Beys. En 1881, ils se révoltèrent et pillèrent, pendant plusieurs mois, les tribus de la frontière algérienne. Ils possèdent de nombreux troupeaux, et sont presque tous pasteurs.

Les habitants de la région de Tamerza et d'El-Aïacha sont toujours restés étrangers aux insurrections. Ils sont d'origine berbère et cultivateurs.

Dans la région du Sud, se trouvent les populations du Djerid appartenant à la race arabe, et s'élevant au chiffre de 20,000 habitants environ. Les indigènes de ces contrées sont d'une nature pacifique. Ils sont, en général, tisserands et échangent leurs produits avec les caravanes qui viennent chez eux en très grand nombre.

Les habitants du Nefzaoua, comme leurs voisins du Djérid, font des échanges avec d'autres tribus. Ils achètent la laine aux Beni-Zid, l'huile aux Arabes du Sahel. Leur principale richesse est la récolte des palmiers-dattiers. La population est en grande partie composée de nègres qui cultivent les oasis.

Quelques-unes de ces tribus du Nefzaoua sont nomades, tels que les Mérazigues, les Ghérib, les Ouled-Yacoub, les Adara. Toutes ces tribus vivent sous la tente, ou dans des huttes ; elles ont des mœurs à part. Elles ne reconnaissaient, avant 1881, d'autres chefs que leurs marabouts. Ce sont des populations calmes. Cependant, quelques Arabes et nègres de ces tribus suivirent leur chef en Tripolitaine, en 1881. Aujourd'hui, ils sont rentrés dans l'ordre.

La tribu des Beni-Zid, d'humeur guerrière, a vécu, pendant longtemps, de razzias et de rapines. En 1881, ils luttèrent contre nos troupes, en voulant défendre Menzel. Ils ont renoncé à leur vie d'aventures et de nomades. Ils cultivent la terre et les oasis.

Les indigènes de l'Arad septentrional, ainsi que les Beni-Zid, vivent de la culture des palmiers. Ils se divisent en quantité d'autres tribus. Viennent ensuite les tribus des Hazem, des Harmena qui prétendent descendre des marabouts, et vivent d'une existence commune, puis, des Aleïa et des Gheraïra, aux mœurs tranquilles, et assez pauvres.

Les habitants de l'Arad méridional sont presque tous d'origine berbère. Ils forment deux catégories distinctes : la tribu des Matmata et la confédération des Ouerghamma.

Les Matmata ont été longtemps en guerre, et ont construit de véritables fortifications dans leurs montagnes. Ils ont également creusé des cavernes qui leur servaient d'habitation et où ils vivent encore pour la plupart. Ils cultivent les oliviers.

Les Ouerghamma, descendants des Marabouts, se partagent en plusieurs groupes ou tribus distinctes : les Touazines, les Accara, les Ghoumrassen, les Khezours, les Ouderna et Djebalia.

Les Touazines sont des nomades indépendants et braves; ils élèvent de nombreux troupeaux.

Les Accara, habitant près de la mer, se livrent à la pêche et exploitent le sel ;

Les Ghoumrassen, tribu pauvre, mènent une vie nomade et habitent des grottes ;

Les Khezours possèdent de nombreux troupeaux et sont généralement laborieux; ils cultivent les oliviers et l'alfa.

Les Ouderna, nomades et belliqueux, ont longtemps lutté contre les Beys. Ils forment plusieurs tribus et groupes ; aujourd'hui soumis, ils cultivent un terrain peu fertile et possèdent quelques troupeaux.

Les Djebalia sont des montagnards sédentaires, à part quelques fractions dispersées parmi les Ouderna.

Enfin, les habitants de l'île de Djerba sont des cultivateurs, des tisserans, ou des fabricants de poterie. Un grand nombre, aussi, s'adonne à la pêche.

Religion, mœurs, coutumes, superstitions.

La Tunisie possédant une population cosmopolite et variée doit différer également dans ses mœurs, ses coutumes et ses cultes, mais l'élément arabe dépassant de beaucoup tous les autres, c'est la religion musulmane qui est la plus répandue dans la Régence. Pour bien se rendre compte du fanatisme religieux de cette partie de la population, il est utile de remonter à la naissance même du mahométisme. Dès l'origine, en effet, les sujets de discordes qui existaient entre les différentes races de l'Afrique provenaient, souvent, de la divergence des opinions religieuses. Quelques-unes des tribus adoraient le soleil et les étoiles ; d'autres immolaient des moutons et des chameaux à leurs idoles; d'autres, enfin, faisaient des sacrifices humains. De cette confusion inextricable naissaient des luttes et des haines sans nombre. De là, des querelles intestines. Il fallait donc qu'un homme supérieur se révélât, qui parvînt à faire accepter aux Arabes une loi commune, afin de grouper ces opinions vers un but unique. Ce fut Mahomet qui eut la gloire d'accomplir cette œuvre.

D'après des documents indubitables, Mahomet serait né le 10 novembre 570 de Jésus-Christ. Sa famille appartenait à la tribu de Koraïsch, laquelle prétendait descendre directement d'Ismaël, fils d'Abraham. Après la mort de son père et de son aïeul, le jeune orphelin fut recueilli par un de ses oncles qui exerçait la première autorité à La Mecque, en qualité de chef des Koraïschites. Abou-Thaleb apporta les plus grands soins à l'éducation de son neveu, l'emmenant avec lui, en Syrie, lorsque ses affaires commerciales l'y appelaient. Pendant un de ces voyages, ils s'arrêtèrent à Bostra, dans un monastère où un moine Nestorien les reçut très cordialement. Ce moine, dit-on, présagea la grandeur future de cet enfant qui n'avait alors que treize ans et que sa sagesse, sa conduite avaient déjà fait surnommer le *Fidèle*.

A vingt ans, Mahomet fit ses premières armes sous les ordres d'Abou-Thaleb, à la fois commerçant et guerrier, et dans toutes les expéditions, Mahomet se distingua par son courage. Une jeune veuve de 25 ans, nommée Khadidja, lui fit offrir sa fortune et sa main. Tout sourit alors à Mahomet. L'anarchie religieuse régnait partout; les chrétiens d'Orient se persécutaient. Ce fut au milieu de ces conflits que Mahomet se donna comme inspiré de Dieu. Il avait pour cela, toutes les qualités : une véritable éloquence, un rare esprit, un grand courage. Le futur prophète, âgé de quarante ans, ne cesse de frapper les yeux de la multitude, par l'austérité de ses mœurs, passant des mois entiers à prier, dans la solitude, et mûrissant ses projets. Il annonça à sa femme que l'ange Gabriel lui était apparu, la nuit, l'appelant apôtre de Dieu, et lui intimant, au nom de l'Éternel, l'ordre d'annoncer aux hommes les vérités qui devaient lui être révélées. Transportée de joie, à l'idée d'être la femme d'un prophète, Khadidja s'inclina devant son époux, comme devant un envoyé de Dieu. Le second disciple de Mahomet fut Ali, fils d'Abou-

Thaleb. Après Ali, l'esclave Zaïd. Mahomet gagna ensuite, à sa cause, Abou-Bekr, magistrat civil et criminel de La Mecque. Dès lors, il ne s'agit plus que de donner un nom à la religion nouvelle. On l'appela l'Islam, mot arabe qui exprime l'action de se donner à Dieu.

Mahomet fut, pendant plusieurs années, en butte à toutes les insultes de ceux qui ne partageaient pas ses doctrines. Les habitants de Taïeb voulurent même le massacrer, mais il n'en fit bientôt que plus de prosélytes. Toutefois, ses amis le pourchassèrent partout, et ses concitoyens, eux-mêmes, les Koraïschites, jurèrent de se défaire de lui. Mahomet jugea prudent de les calmer, en quittant La Mecque. Il se retira au Jahtreb. Ses disciples l'y rejoignirent, et cette époque est restée célèbre, chez les Musulmans. La ville de Jahtreb s'appela, même, ville du Prophète. A dater de ce jour, la vie de Mahomet n'est qu'une suite de batailles et de luttes. Victorieux partout, en invoquant le nom d'Allah, il était inexorable envers les vaincus qui se refusaient à embrasser l'islamisme. Il envoya des missionnaires dans toutes les directions, en Arabie, en Perse, en Syrie ; quelques villes les chassèrent, d'autres les reçurent avec enthousiasme, mais la mort vint frapper Mahomet, au milieu de sa propagande, en l'an 11 de l'égire (632 de Jésus-Christ). Les derniers jours de sa vie augmentèrent encore l'enthousiasme de ses sectateurs. Il montra, dit Gilbon, une fermeté tranquille, à l'approche de la mort ; il affranchit ses esclaves, régla l'ordre de ses funérailles, et donna sa bénédiction à tous ceux qui l'entouraient. Il dit, un jour, à ses familiers que l'ange de la mort ne viendrait prendre son âme qu'avec sa permission. Quelques instants avant de mourir, il déclara qu'il venait de l'accorder. Puis, la tête penchée sur les genoux d'Aïcha, la plus chérie de ses femmes, il articula ces mots, en expirant : « Dieu, pardonnez mes péchés. Je vais « retrouver mes concitoyens qui sont au ciel. » Mahomet est inhumé à Médine où se rendent les nombreux pèlerins, après avoir visité La Mecque.

Trois concurrents se présentèrent, après la mort de Mahomet, pour propager ses doctrines : Ali, Omar et Abou-Bekr. Ce dernier fut élu, d'une voix unanime. A sa parole les tribus les plus reculées vinrent se ranger sous ses drapeaux, aux cris mille fois répétés de : « Il n'y a de Dieu que Dieu, et Mahomet est son prophète. »

Il m'a paru utile de faire l'exposé de cette origine de la religion musulmane, qu'un grand nombre ignore sans doute, et qui fut le point de départ du fanatisme religieux chez les Arabes. Puis, comme Mahomet avait dit dans le Coran : « Combattez les infidèles jusqu'à ce qu'il n'y ait plus lieu « aux disputes ; combattez jusqu'à ce que la religion de « Dieu domine seule sur la terre, etc., » des luttes sanglantes s'ensuivirent entre les dissidents. Elles durèrent encore pendant de longues années, mais le culte musulman n'en resta pas moins la religion reconnue et suivie par la presque totalité des Arabes.

Le Coran est pour ainsi dire le livre sacré des mahométans. Ce livre, indépendamment de la question religieuse qui est sa base, traite aussi des questions sociales et économiques. Il sert de code et de guide aux Arabes, dans leur existence et, comme ils le considèrent en plus comme ayant une origine divine, ils n'admettent pas qu'il puisse être discuté. Il a cependant donné naissance à deux rites, le rite

Maleki et le rite Hanefi pratiqués, le premier par les Arabes, le second par les Turcs. Ils diffèrent peu l'un de l'autre.

Il existe aussi différentes sectes, mais ayant toujours le Coran pour base: ce sont les Kadérias, les Suleïmias, les Tidjamas, les Aïssaouas. Il n'est pas de voyageur ou de touriste qui n'ait assisté en Afrique à une séance de cette secte et n'en ait gardé le souvenir. Les disciples de cette confrérie commencent à s'entraîner, en criant, hurlant, agitant la tête en tout sens, puis finissent, au milieu d'une sorte d'ivresse, par avaler des feuilles de cactus, du verre pilé, des scorpions; d'autres se traversent les joues avec des fers rougis au feu, et se martyrisent en se frappant le corps et la tête sur les murs. Ils se laissent tomber ensuite comme des masses inertes, grisés par toutes ces excentricités.

Mais, ce qui constitue aussi la religion des mahométans, ce sont les prières, le jeûne et le pèlerinage à La Mecque. Ils prient habituellement cinq fois par jour. Le matin, dès l'aube, vers dix heures, à midi, à deux heures et à la chute du jour, de préférence à la mosquée où le muezzin les appelle du haut du minaret. Le jeûne est surtout pratiqué rigoureusement à l'époque du rhamadan. Il m'est arrivé plusieurs fois de me trouver en Algérie, à ce moment, et d'avoir pu constater, *de visu*, à quel degré d'abstinence en arrivent les Arabes, pendant ces trente jours. Non seulement, ils ne prennent aucune nourriture, aucune boisson mais se privent aussi de tabac. Il y a plus, ils doivent même éviter le contact d'un fumeur, afin que l'odeur et la fumée du tabac n'arrivent pas jusqu'à eux. Une bouffée de tabac, une goutte d'eau avalée même involontairement, suffisent pour rompre le jeûne. Si ces prescriptions sévères ne sont pas observées, ce sont des jours à rendre, disent les Arabes. Ils doivent alors prolonger le jeûne d'autant de jours qu'il aura été rompu. — De plus, un cruel châtiment est réservé à celui qui se rend coupable d'infraction au Coran. Il est considéré comme sacrilège et le cadi lui fait appliquer, comme punition, des coups de bâton sur la pointe des pieds.

Je me souviens qu'un jour, aux environs de Biskra, fumant à côté d'un arabe, sur le siège d'une voiture, celui-ci pria le conducteur d'arrêter et descendit.

Mais si le jeûne est strictement observé pendant le rhamadan, du lever au coucher du soleil, il est curieux de voir avec quelle joie les musulmans se précipitent sur les aliments, lorsque le jeûne est rompu, à six heures du soir. Les cafés arabes sont absolument pris d'assaut, ainsi que toutes les boutiques contenant quelques victuailles. Après un premier repas copieux, ils se reposent pendant quelques heures, et recommencent leurs libations vers deux heures du matin.

Le vingt-septième jour a lieu une grande solennité dans les mosquées qui sont brillamment illuminées le soir. On y chante et psalmodie, avec nombre de génuflexions et prosternations. Pendant les trois derniers jours, également, des pèlerinages ont lieu dans les cimetières où certains tombeaux de marabouts sont l'objet d'une ardente vénération. Je me rappelle être allé, un de ces jours-là, au cimetière de l'Oued-Kébir, près de Blidah, où des milliers d'arabes et de mauresques se rendaient pour prier. Rien de plus pittoresque et même d'impressionnant que ce spectacle. Tout autour des tombes, les arabes sont accroupis, chantant et vendant aux enchères des bouquets et des cierges destinés à être déposés sur les marabouts les plus vénérés. Ce jour-là, je m'étais muni de mon appareil photographique qui ne me quitte guère en voyage, et j'ai pu, en m'approchant discrètement, prendre quelques épreuves vraiment curieuses.

Notons, en terminant, une particularité de la religion musulmane, en ce qui concerne les femmes. Elles ne sont ordinairement admises dans les mosquées, à l'heure des offices, qu'à partir de l'âge de cinquante ans, et elles occupent une tribune grillée, les mettant à l'abri des regards indiscrets.

Une des grandes distractions des Arabes, à l'époque du rhamadan, pendant lequel les travaux sont généralement suspendus, est aussi d'assister à des séances données, sur les places publiques, par des conteurs ou des charmeurs de serpents.

S'il s'agit d'un conteur, un cercle nombreux se forme autour de lui, et tous les assistants, l'œil fixé sur l'orateur, attendent anxieux le récit de quelque histoire plus ou moins fantastique. La parole du conteur est, d'abord, lente et mesurée, et il invoque, dès le début, Mohammed ou Sidi-Abdallah, mais bientôt sa voix devient plus chaude et plus passionnée. Son visage s'anime et il montre le ciel, des yeux ou du doigt. Alors, tout l'auditoire s'incline et chacun pose la main sur son cœur.

Je ne saurais mieux faire que d'emprunter le récit d'un de ces contes à l'ouvrage de M. Vuillier, récemment paru, sur la Tunisie :

« En avant, enfants du désert, enfants de la poudre! » s'écrie le conteur, « ferrez les chevaux, faites des provisions « d'orge, nous allons tirer vengeance d'une tribu. Les balles « ne tuent pas, c'est le destin qui fait mourir! »

« On va partir, c'est un pêle-mêle de guerriers et de « chameaux chargés. Les cavaliers s'ébranlent, accompa-« gnés de joueurs de flûte. En amour comme à la guerre la « fortune est aux audacieux ! »

« On a longtemps marché sous le soleil brûlant, à tra-« vers les sables. Le crépuscule tombe dans les solitudes ; « aucun feu ne s'allume, il faut être prudent, à l'approche « de l'ennemi qu'on veut surprendre. Mais le ciel se colore, « la marche du second jour va commencer. Les éclaireurs « s'avancent avec précaution, ou rampent comme des cou-« leuvres. Puis, tout à coup, ce sont des hourras sauvages, « des cliquetis d'épées, des hennissements de chevaux, des « injures, des blasphèmes que dominent les détonations des « armes à feu ! Entendez-vous les cris des femmes en dé-« tresse, les pleurs des enfants, les beuglements des cha-« meaux ? L'ennemi se défend avec rage ; des vieilles, « édentées, sauvages, défendent, avec leurs ongles, le sol de « la tribu. On n'entend plus bientôt que des gémissements « étouffés. Les vainqueurs se sauvent, emportant en croupe « des femmes évanouies ! »

« En avant, enfants du désert, enfants de la poudre, les « balles ne tuent pas, c'est le destin qui fait mourir ! »

Puis c'est le pèlerinage de La Mecque que dépeint le conteur : « Le départ lointain, les sables, toujours les sables, « les chameaux beuglant le soir, dans les solitudes et dans « l'infini d'une terre désolée ! L'ouragan souffle la mort, la « route est semée d'ossements desséchés qu'un linceul pou-« dreux vient recouvrir. Maintenant, c'est la soif, l'ardente « soif, et, au loin, La Mecque où l'on arrive enfin exténués, les « yeux brûlés, le chapelet entre les doigts amaigris, etc. »

Et les auditeurs écoutent ravis, ne pouvant s'arracher à ces contes.

Mais voilà que les accents d'une musique bizarre et les accords monotones de tambours de basques se font entendre dans le voisinage. Un autre rassemblement se forme. C'est la même assistance, mais le spectacle est bien différent.

Devant un joueur de flûte qu'accompagne le rythme monotone du tambour, un Arabe, au visage amaigri, l'œil en feu, gesticule. Il est nu-tête, son front est rasé et son crâne est surmonté de la touffe mahométane. De même que le conteur, il invoque, à chaque instant, Allah, Mohammed ou Sidi-Abdallah, et l'auditoire s'incline encore, et chacun met la main sur son cœur.

Après force invocations, le voici qui plonge son bras nu dans une outre en peau et en retire un énorme serpent dardant sa langue fourchue. C'est le redoutable naja. Le charmeur paraît épouvanté. Le serpent le fixe et se jette sur lui, puis il se remet en place, la tête tendue. Les deux ennemis sont en présence et s'observent. Sur un signe du charmeur, la musique cesse. Ce dernier fait un suprême appel à Sidi-Abdallah ; il dépeint la férocité du reptile, raconte les nombreuses victimes qu'il fait aux Indes, au Maroc, dans le désert, etc. . « Avec l'aide de Mohammed et de Sidi-Abdal-« lah, j'en serai maître, dit-il, et son venin restera inoffen-« sif. » Puis il sort d'autres serpents d'espèces différentes, notamment une vipère cornue dont la morsure est mortelle. Elle se jette à la face du charmeur et le sang coule ! Alors, une pluie de sous tombe dans le tam-tam que le charmeur présente à la foule.

On dit que pour rendre les serpents inoffensifs, les charmeurs leur arrachent les crocs. Le sang qui coule ne serait autre chose qu'un truc adroitement préparé pour endoctriner les assistants.

Pendant les derniers jours de jeûne également, des groupes de nègres parcourent les rues des villes et des villages en dansant et vociférant au son du tam-tam et des cymbales, musique des plus assourdissantes.

Pour achever cette étude de mœurs des populations musulmanes, disons que les sorciers et les sorcières jouent aussi un certain rôle dans leur existence. Ils ont pour habitude de les consulter dans les grandes circonstances de la vie, ou lorsqu'ils désirent connaître l'avenir.

Ces sorciers ou sorcières habitent le plus souvent quelque réduit ou taudis et se tiennent assis devant de vieux grimoires. Ils vous tendent une plume qu'ils vous invitent à approcher de vos lèvres. Ils se livrent ensuite, sur des grimoires, à des calculs basés sur les noms de baptême qu'ils vous demandent. Puis après s'être recueillis longtemps, leurs yeux s'illuminent et ils répondent à votre pensée en vous donnant mille détails sur l'objet qui vous intéresse.

Tous les sorciers n'opèrent pas de la même façon ; certains n'ont recours ni à la plume de roseau ni au grimoire. Ils rassemblent un petit morceau de charbon, un grain de sel, deux grains d'orge dont un est entouré de sa balle et l'autre dont la balle est relevée d'un côté. Ils jettent alors le tout ensemble sur l'envers d'un tamis qu'ils font tourner, et ils se basent, pour prédire l'avenir, sur la façon dont les objets se trouveront placés.

Ajoutons enfin quelques mots sur les croyances et les superstitions.

Chacun sait d'abord que pour chasser le mauvais œil qu'ils redoutent tant, les Arabes, aussi bien que les Juifs, ont la coutume de marquer la porte de leurs demeures d'une main rouge ou noire, les cinq doigts allongés. Cela tient à ce que les Maures, dit M. Vuilier dans son ouvrage, se croient toujours entourés d'un monde mystérieux. Pour eux, les nuages, les rayons du soleil, les étoiles, le jour, la nuit, sont peuplés de démons et d'anges qui les martyrisent ou les protègent. Aussi les Maures sont-ils pourvus de mots cabalistiques, mais portent-ils sous leurs vêtements des amulettes, des talismans, des sachets renfermant quelquefois des coquillages, des têtes de caméléons, du corail, etc., etc. Ils en suspendent également au cou des animaux pour les préserver des maladies.

On ne s'imagine pas, d'un autre côté, jusqu'où peut aller la superstition chez la femme. Quelques exemples suffiront pour la démontrer. Si vous pouvez arriver à la surprendre, vous la verrez, au coup de minuit, danser comme une folle autour d'un fourneau allumé dans la rue, et d'où s'échappe un encens composé de onze espèces de plantes odorantes. C'est dans le but de ramener vers elle son mari infidèle et le préserver des mauvais génies.

D'après Kiva, la queue du lièvre est une amulette infaillible pour se faire aimer. Quand un Arabe croit avoir marché sur un djin ou démon, il s'attend à tous les malheurs. Deux corbeaux ensemble, un chacal fuyant, une gazelle isolée, mauvais présage !

Suit toute une série de précautions à prendre, si vous voulez éviter des malheurs :

Ne coupez jamais vos ongles le dimanche soir, et quand

vous le faites, un autre jour, ayez soin d'enterrer les rognures.

Ne vous faites pas raser le mercredi, vous seriez certain de mourir à la quarantième fois.

Ne marchez jamais sur un papier ni sur une miette de pain. Le papier peut porter le nom de Dieu ou du Prophète, et le pain est sacré.

Ne vous regardez jamais la nuit dans un miroir.

Ne soyez jamais neuf à table, un des convives succomberait sûrement dans l'année.

Ne faites jamais de lessives le lundi et le vendredi ; le lavage du lundi cause des dettes et celui du vendredi rend les femmes stériles.

Ne sifflez pas, vous appelez le diable !

Ne jetez jamais d'eau la nuit sans vous écrier : Besmallah ! au nom de Dieu ! vous pourriez mouiller un démon, un djin, qui se vengerait de vous.

Ne frappez jamais une chatte, le soir, car souvent les djins se montrent à vous sous cette forme.

Ne tuez jamais les serpents ni les grenouilles qui ne sont autres que des djins.

Le cri du hibou étant un signe de mort, si l'un d'eux vole en criant autour de votre maison, jetez vivement de l'eau vers lui en répétant trois fois : le feu est derrière toi !

Pour éloigner les hibous de votre demeure, placez des marmites sur votre terrasse en les chargeant de suie et les renversant ensuite.

Le scorpion porte aussi malheur. Pour les éloigner, les sorciers écrivent, sur un papier, des invocations sans points ni voyelles qu'il faut coller sur les portes et sur les croisées.

Il serait trop long d'énumérer toutes les causes de superstition chez les Arabes. Il en est de même des remèdes excentriques qu'ils emploient dans leurs maladies. Un ou deux exemples suffiront. Pour combattre la fièvre, on emploie la graisse de l'autruche mélangée à de la mie de pain.

Pour les rhumatismes, on frictionne aussi la partie douloureuse avec de la graisse, puis le malade se couche dans le sable brûlant, transpire et est guéri.

Il est encore des usages plus bizarres. Si une femme a déjà perdu plusieurs jeunes enfants, elle vendra son nouveau venu à un de ses oncles ou à une de ses tantes pour conjurer le sort qui la poursuit.

Lorsqu'une femme est devenue veuve plusieurs fois, elle se fait tatouer aux pieds et aux mains pour éloigner la mort de son dernier époux.

Les tatouages de fantaisie sont défendus par la religion musulmane, mais ils sont autorisés comme pratique médicale.

A part les cas de maladie, les Tunisiens ne se tatouent pas.

Nous avons dit que les pèlerinages constituaient, avec la prière et le jeûne, les principales bases de la religion mahométane. Mais c'est surtout le grand pèlerinage de La Mecque que tout bon musulman doit accomplir avant sa mort. Chaque arabe économise dans ce but, depuis son extrême jeunesse, l'argent nécessaire pour faire ce voyage. Quelques-uns d'entre eux, lorsque l'heure du départ a sonné, n'ayant pas amassé la somme voulue, vendent une partie de leurs biens; d'autres ont recours à quelque artifice ou exécutent des tours sur les places publiques pour réunir quelques sous. Des hommes de tout âge, des vieillards même, n'hésitent pas à se mettre en route presque certains d'avance de ne pas revoir leur patrie, mais le fanatisme les guide ainsi que le désir de rapporter de La Mecque le titre de Saint (hadj) qui est pour eux un vrai titre de noblesse.

J'ai eu la bonne fortune, une année, de rencontrer au milieu du désert toute une caravane de pèlerins revenant de La Mecque, après dix-huit mois et plus de marche et de fatigues. Ils étaient vêtus de loques, portant en sautoir des poêles, des grils, des casseroles. Les uns, éclopés, étaient montés sur des chameaux, d'autres sur des ânes. Des moutons et des chiens suivaient, paraissant aussi harassés que leur maîtres. C'est un spectacle inoubliable !

Il nous reste à dire quelques mots de certaines fêtes religieuses prescrites encore par le Coran et des aumônes qui en sont en quelque sorte le complément. Il faut citer le mouled ou l'anniversaire de la naissance du prophète ; le maary ou son ascension au ciel ; l'achoura rappelant les différentes phases de sa vie ; l'Aïd-el-Kébir, fête où l'on sacrifie le mouton, en souvenir du sacrifice d'Abraham ; enfin l'Aïd-ès-Sérir, fête que j'ai décrite et qui a lieu pendant les derniers jours du jeûne.

Quant aux aumônes, elles se font sous différentes formes prescrites par le Coran, sous forme de prêt, d'abord, ou de biens de habous, ensuite. — Celui qui fait cette dernière aumône emploie les revenus des biens rendus habous à l'entretien de fondations pieuses. Les biens sont mis aux enchères et adjugés au plus offrant.

D'autres fêtes ont lieu aussi dans les familles au moment de la naissance, de la circoncision et du mariage des Arabes, mais il serait trop long de les décrire en détail. Elles sont toujours l'occasion de danses et de libations. Les repas donnés se composent d'un plat appelé Derdoura, sorte de composition de beurre et de miel. A l'enfant que l'on circoncit, on offre des gâteaux et des douceurs dans le but de calmer ses cris.

S'il s'agit d'un mariage, on fête d'abord les fiançailles. Le fiancé offre en cadeaux, des bijoux, des étoffes, jusqu'à des objets de consommation, des ustensiles de ménage, voire même des bougies dont l'une est faite en forme de main à cinq branches pour prémunir contre le mauvais œil. Chez les Arabes, des fantasias ont lieu, aussi, à cette occasion, et certaines particularités du mariage sont à noter. Pendant les sept jours qui suivent le mariage, le jeune homme ne doit pas voir son père. Il rentre la nuit chez lui. Les Tunisiens n'ont ordinairement qu'une seule femme ; à la campagne ils en prennent souvent plusieurs afin de les utiliser aux travaux des champs. Chez les musulmans, les enfants observent un très grand respect à l'égard de leur père ; ils ne doivent jamais fumer devant lui, ni même s'asseoir sans sa permission, de même qu'ils mangent rarement avec lui.

Puisque nous parlons de repas, disons que la principale nourriture des musulmans est le fameux couscoussou, mets composé de mouton et de riz, le tout fortement pimenté. On le fait également au lait et au miel. Puis le méchoui ou mouton rôti que l'on embroche en entier.

Je me souviens à ce propos d'une diffa ou repas offert un jour en mon honneur, par un conseil municipal indigène des environs de Lourmel, dans la province d'Oran. Un de mes amis était maire de cette commune et un chef arabe étant venu le voir pendant mon séjour chez lui m'invita à aller le visiter dans son douar. C'était jour de marché à Lourmel et le Caïd de ce douar, situé à 10 kilomètres de là, regagnait sa demeure, suivi de son conseil. Il manifesta le désir de nous faire escorte jusqu'à destination. Douze arabes en grande tenue précédaient notre voiture, mais bien qu'ils fussent à une certaine distance en avant, nous n'en absorbions pas moins un nuage de poussière. Arrivés au pied d'une montagne, nous descendons de voiture, mon ami et moi. Le chef arabe met aussi pied à terre et me fait les honneurs de sa monture. Mon ami monte un autre cheval et nous arrivons ainsi au douar situé sur le sommet de la montagne.

Près de la tente du chef est une fosse remplie de charbons ardents, véritable fournaise aux extrémités de laquelle se tiennent deux arabes occupés à faire rôtir le mouton en question. Leur front est ruisselant de sueur. On nous fait entrer sous la tente où nous trouvons le couvert mis sur des nattse entourées de coussins. Deux Arabes seulement s'assoient à nos cotés. On apporte le mouton et le chef me passe un immense couteau, m'engageant à couper quelques morceaux de choix, c'est-à-dire les parties les plus rissolées que les Arabes apprécient particulièrement. Nous mangeons avec un certain appétit que nous a donné cette course et, pendant le repas, nous entendons les yous-yous des femmes qui ne sont séparées de nous que par une cloison improvisée en toile ou autre tissu de leur façon. Enfin, le moment du dessert est arrivé et nous apercevons seulement les bras des femmes passant au-dessus de la toile, aux arabes qui les reçoivent, des plats sucrés et des friandises. Ce sont des dattes, du riz, du miel et des bananes. Le repas terminé on nous offre le café et du tabac. Alors commence pour nous un spectacle des plus pittoresques. A un signal donné par le chef, les autres arabes qui nous avaient fait escorte et qui avaient contribué pour leur part à l'achat du mouton, sont conviés à s'approcher de la table. Ils se précipitent tous sur l'animal, les uns lui tordent le cou, les autres les pattes, si bien qu'en un clin d'œil, ce pauvre mouton est littéralement dépecé. Ce n'est pas la partie la moins intéressante de la diffa. Nous assistons, pendant un instant, à cette véritable scène de carnivores et nous sortons fumer au dehors de la tente. Après quelques heures de repos, nous remontons à cheval, descendant la pente rapide de la montague, au pied de laquelle nous retrouvons notre voiture. Le chef nous accompagne jusque-là et nous prenons congé de lui en le remerciant de son aimable accueil.

J'ai tenu à raconter les détails de cette diffa qui donne une idée des mœurs arabes prises sur le vif.

Revenons maintenant à la Tunisie, qui nous occupe, et disons que là, comme en Algérie, les musulmans ont à peu près la même manière d'accommoder la nourriture. Avec le couscoussou et le méchoui, signalons comme mets de prédilection des Arabes le messelli, viande salée et conservée et le meltsous, qui n'est autre chose que de l'orge écrasée. Puis, viennent les légumes assaisonnés à l'huile, les dattes et les raisins secs mélangés à la viande, etc.

Disons aussi quelques mots des juifs qui entrent pour une bonne part dans la population tunisienne. On en compte environ 30,000 à Tunis seulement et une certaine quantité à Djerba, Gabès, Sousse, Sfax. Si l'on remonte à l'origine de leur arrivée en Tunisie, elle date surtout de l'invasion musulmane. Puis, sont venus les juifs d'Espagne, de Constantinople, de Livourne, même de France. Si les femmes juives de Tunis sont faciles à reconnaître par leurs costumes et leur corpulence, il n'en est pas de même des juifs qui prennent peu à peu le costume européen. Le nez qui est souvent proéminent, chez cette race, n'a rien de bien saillant chez eux et il est moins accentué encore chez le juif de Livourne. Ces derniers n'ont pas les mêmes coutumes que les autres israélites. Plus fortunés et plus instruits que leurs coreligionnaires, ils sont considérés comme appartenant à une classe supérieure. Ils ont joui jadis d'une très grande influence auprès des Beys. Leurs principales fonctions ou occupations sont celles de banquiers ou de changeurs ; ils sont moins commerçants que les autres. Le juif tunisien a ordinairement un métier, soit de bijoutier, menuisier, tailleur ou tapissier. Ils sont même des concurrents très sérieux pour les Français. Les israélites suivent à peu près aussi nos modes; autrefois ils étaient forcés de se conformer à un règlement du Bey à cet égard. Nous avons détaillé plus haut le costume des femmes juives de Tunis ; il n'est pas le même partout. Dans le Sahel, par exemple, les juives portent de grandes blouses serrées à la taille. Dans d'autres contrées, elles sont vêtues du peplum, comme certaines femmes bédouines. A Djerba, un costume spécial les distingue également du reste de la population.

Commerce et Industrie.

Il nous reste à traiter la question du commerce et de l'industrie.

Fig. 10. — Groupe de cavaliers arabes devant un campement.

(Gravure extraite de la *Revue Générale des Sciences*).

Nous étudierons ces différentes questions avant l'époque de l'occupation, et depuis 1881, afin de faire ressortir les progrès réalisés par le protectorat.

L'étude du commerce d'un pays repose sur le chiffre des affaires négociées dans une année, par exemple, et les données les plus certaines sont celles que peut fournir le service des douanes. Malheureusement, ce n'est que depuis 1871 qu'il nous est permis d'avoir recours à cette source d'information, car avant cette date le gouvernement du Bey n'avait pas organisé de service douanier. Ce n'est qu'en 1875 que l'on connut exactement, par des statistiques, le chiffre exact des importations et des exportations; ce n'est même qu'en 1884 que la douane fut confiée aux Français. Le moyen le plus sûr de se rendre compte des progrès accomplis est d'établir des comparaisons entre les différentes époques. Ainsi, pendant la période antérieure à l'occupation française, les affaires en marchandises diverses donnent une moyenne de 22,961,103 francs. Pendant la période antérieure à la loi du 19 juillet 1890, on relève une moyenne de 54,710,812 francs; enfin, pendant la période postérieure à la même loi, on arrive à une moyenne de 60,861,157 francs. Tels sont les chiffres relevés par les soins du protectorat. Ces chiffres comprennent les importations et exportations de la régence.

Pour se rendre compte maintenant des progrès réalisés depuis l'occupation, il suffit également de prendre les chiffres des affaires depuis 1881. — De 1881 à 1894, on relève une moyenne de 54,710,812 francs, mais le total le plus élevé a été de 81,934,042 francs. La principale cause de cette augmentation d'affaires vient avant tout de la pacification du pays qui a rendu les transactions plus sûres ; elle vient de la confiance qu'elle a inspirée aux capitaux étrangers ; elle vient aussi de la création de nombreux marchés. Il faut reconnaître surtout que le protectorat s'est attaché à établir des réformes et à diminuer les impôts. Enfin, l'arrivée de nombreux Européens a contribué à la prospérité des affaires. Autrefois, ils ne dépassaient pas 20,000. Aujourd'hui, il s'élève à 60,000. A l'intérieur, la colonisation agricole et les différentes industries ont pris un développement considérable.

Il nous reste à étudier quelles ont été les transactions des puissances étrangères avec la régence.

D'après un tableau statistique dressé sur l'initiative du protectorat et qui nous a été communiqué, il résulte que la part de la France et de l'Algérie, dans le commerce de la Tunisie, est toujours allée en augmentant. De 1885 à 1892, il s'élève de 38,80 pour 100 à 66 pour 100. Au contraire, la part de l'Italie, celle de Malte et de l'Angleterre a diminué. L'Italie, dont le chiffre des affaires s'élevait en 1885-86 à 29,40 pour 100, était tombé, en 1893, à 13,40 pour 100. — La part de Malte et de l'Angleterre qui, en 1885-86, était de 21,54 pour 100, n'était plus, en 1892-93, que de 12 pour 100. Tout le profit a donc été pour la France depuis le protectorat et la loi sur la douane de 1890, et a été toujours croissant.

Nous nous bornerons, dans cette courte étude, à donner un résumé succinct des dernières années.

En établissant une comparaison de l'année 1890 avec la moyenne des quatre années suivantes, il résulte que les transactions de la France ont subi une augmentation de

75 pour 100. Les transactions avec l'Angleterre ont subi, au contraire, une diminution de 32 pour 100, pour une part égale sur les importations et exportations. Le commerce avec l'Italie n'a pour ainsi dire pas varié. Ses exportations ont quelque peu diminué, mais ses importations augmentent, ce qui fait compensation. Une statistique a été dressée également en ce qui concerne le cabotage sur la côte. Elle a donné les résultats suivants : la part du pavillon français s'est accrue de 20 pour 100 sur le fret et de 30 pour 100 sur le transport des passagers. Pour l'Italie, les transactions se sont accrues de 35 pour 100 sur les marchandises, mais on constate une diminution de 8 pour 100 sur les passagers. Le fret des navires grecs a baissé considérablement. Ce sont les navires tunisiens qui tiennent la tête pour le transport des marchandises sur le littoral. On constate une augmentation de 26 pour 100 sur leur fret.

Un mot seulement sur les relations commerciales des Tunisiens avec le Soudan. En se basant aussi sur des statistiques, on évaluait, en 1890, le commerce trans-saharien ainsi qu'il suit : Route de Tombouctou au Maroc, 1,700,000 francs. — De Tombouctou au Touat, 750,000 francs. — De Kano à Ouargla, 2,000,000 de francs. — De Rhat à Tripoli par Rhadamès, 1,000,000 de francs. — De Bornou à Tripoli et d'Abéché à Tripoli, 5,500,000 francs.

D'après ces documents, c'est avec Tripoli que se faisait le plus grand commerce en 1890. Ce commerce est absolument tombé, si on le compare à ce qu'il était autrefois. Au milieu de ce siècle, le mouvement des affaires était encore de 50 ou 60 millions.

Sans songer à la construction d'un chemin de fer trans-saharien, il faudrait arriver à ouvrir une route aboutissant à Tripoli. C'est ainsi que la Tunisie pourrait ramener, de son côté, le courant des négociations qui s'en va par la voie de Rhat et Rhadamès. La ligne de Rhadamès, Rhat, Kano, serait la véritable route trans-saharienne vers la Tunisie. Malheureusement, Rhat et Rhadamès appartiennent à la Turquie et ce sont les points les plus faciles comme arrêts sur la route du Sud tunisien au Soudan. Mais, il serait facile de tourner la difficulté, si l'on parvenait à s'entendre avec les Touaregs azdjer, en obtenant d'eux la faculté de circuler dans leur pays. L'avenir n'est peut-être pas éloigné où une entente pourra se faire. Les marchandises provenant du Soudan sont surtout les plumes d'autruches, l'ivoire, les peaux de tigres, de panthères, de buffles, de chèvres, de moutons, la gomme, l'indigo, etc. Ces Touaregs azdjer sont encore loin d'être civilisés et se montrent rebelles à l'égard des étrangers. Ils ne reculent même pas devant l'assassinat. Nous avons tous présents à la mémoire le massacre de la mission Flatters en 1882, de celui du marquis de Morès et plusieurs autres précédents. Le but à atteindre serait donc de tenter un accord avec les Touaregs, en leur offrant de participer aux gains de notre entreprise. Le moment ne nous paraît pas encore venu, tant que ces tribus se montreront aussi hostiles envers nos compatriotes qui, hélas ! ont payé de leur vie leur trop grande témérité !

Arrivons, maintenant, aux différentes industries de la Tunisie. Nous commencerons par les industries indigènes :

Il suffit d'avoir parcouru les différents souks de Tunis, ainsi que nous l'avons fait souvent, pour avoir une idée des nombreuses industries des Tunisiens. Nous parlerons, avant tout, des grandes fabrications telles que celles des tissus de laine, de soie, des chéchias, des tapis, des couvertures, etc. Disons, aussi, qu'à Tunis il existe, comme dans beaucoup de grandes villes de France, des corporations; chacune d'elle élit un chef ou amin appelé à statuer sur les différends ayant trait à chaque industrie; ce chef dépend, lui-même, d'un autre chef: le cheikh de la cité.

Une des principales industries est celle des chéchias, coiffure nationale des indigènes. Elle affecte différentes formes ou couleurs. Malheureusement, cette industrie est loin d'être aussi prospère qu'autrefois, l'Autriche faisant une véritable concurrence à la Tunisie. Ce bonnet est tricoté, d'abord par des femmes, puis enduit d'huile d'olive et passé au foulon. Il subit aussi d'autres apprêts, avec l'alun, le tartre et la noix de galle. Le foulon est à Tébourka, la teinture est faite à Zaghouan, ce qui augmente beaucoup les frais. Une chéchia tunisienne, de bonne qualité, coûte généralement 8 francs, tandis qu'on a des chéchias autrichiennes pour 2 fr. 50 ou 3 francs maximum.

Nous avons parlé, lors de notre visite à Kairouan, de sa principale industrie, la fabrication des tapis. Nous ne faisons que les rappeler, sans insister longuement. Ils sont tissés aussi par les femmes, sur des métiers. L'ouvrière travaille derrière le sujet. Chaque famille a son genre de dessin. Il y en a de tous les prix. Le klim est le moins cher. Il sert, le plus souvent, de tentures. Les tapis les plus courants sont les tapis de selle ou de prière. On en fait aussi de toutes les dimensions sur commande. Les prix ont beaucoup baissé depuis quelques années. Il faut compter aujourd'hui de 8 à 15 francs le mètre. Ces tapis appelés Zerbra, Mergoum et

Klim se font seulement à Kairouan ; à Sousse, on fabrique les Klifa. Quant aux couvertures et étoffes de soie, et même de laine, elles se fabriquent à Djerba et dans le Djerid. On compte à Djerba près de 350 métiers et 650 tisserands, et dans le Djerid plus de 2,300 métiers. On y tisse aussi la laine, la soie et les couvertures. Il y a encore des tissages dans l'Arad, dans le Sahel, au cap Bon, mais la soie est plus spécialement travaillée à Tunis où elle occupe plus de 4,000 ouvriers, tant en moulineurs qu'en tisseurs et teinturiers. On y tisse des mouchoirs, des ceintures, des foutas, étoffes à l'usage des femmes, ainsi que des turbans rayés en coton, etc.

Quant au laouli, au haïk, au sefsari et à la zebba, on les fait dans plusieurs localités, mais surtout à Tozeur, à Gafsa et à Nefta. On fabrique également des tissus de soie tels que le schall, et des ceintures appelées chemla.

A côté de ces industries, il est indispensable d'avoir des teintureries. Il y en a de très importantes, dans différentes villes ; à Tunis il existe plusieurs ateliers. Ceux des souks occupent, chacun, une quarantaine d'ouvriers. Il y en a aussi d'autres en dehors du souk. Les matières employées le plus généralement pour la teinture sont : la cochenille, l'indigo, la noix de galle, le henné, le bois de campêche, la fleur du grenadier et l'écorce de grenade. Les autres ateliers sont disséminés dans la régence, au Kef, à Sousse, à Kairouan et dans l'Arad.

Une autre grande industrie de la régence est celle de la vannerie et de la sparterie.

Il existe aussi à Nabeul une grande fabrique de nattes en jonc. Elles sont de couleurs unies ou mélangées. Il y a, à Nabeul, plus de 60 métiers et on estime que la vente s'élève à plus de 20,000 francs par an.

Dans le Sud de la régence et à Tunis, on fabrique beaucoup d'objets avec la feuille du palmier-dattier, tels que chapeaux, paniers, couffins, éventails, etc., on en fait aussi, dans le Djérid, avec l'alfa. Il y en a un souk à Tunis, mais c'est dans le Sahel, l'Arad, à Sfax, Kairouan, aux îles Kerkennah, à Sousse, Monastir, que la fabrication est la plus grande.

La tannerie a été une industrie prospère, mais est actuellement en baisse. Les écorces du chêne-liège et du pin sont très utilisées par les tanneurs indigènes. Les principales tanneries se trouvent à Kairouan, à Sfax, au Kef. On travaille beaucoup le cuir, à Tunis, au souk des selliers. Les peaux de mouton et de chèvre sont très employées pour la cordonnerie qui est une des grandes industries de Kairouan, de Sfax, de Nebeul.

Puisque nous parlons de Nebeul, citons parmi ses principales industries, la poterie. Les environs de la ville fournissent la terre argileuse qui sert à la fabrication. Il existe tout autour de la ville plus de 40 fabriques et près de 100 tours. L'objet est déposé sur le tour et est modelé avec les doigts; les ornements se font à l'aide d'un roseau. C'est d'ailleurs la manière d'opérer de la plupart des potiers de France. On laisse ensuite les objets sécher au soleil, puis dans une pièce fermée et obscure. Enfin, on cuit les pièces pendant une trentaine d'heures. Le four est fait en briques sèches recouvertes de terre glaise et chauffé au bois. On fait à Nebeul la poterie non vernissée et la poterie vernissée. On n'emploie que deux vernis, le jaune et le vert. Les principaux objets fabriqués sont les gargoulettes, les assiettes, les plats, les lampes, les derboukas et vases de toute sorte, mais la fabrication a diminué de moitié. La poterie la plus ordinaire se fait à Testour, Soliman, Bizerte. On en fabrique aussi à Tunis où il y a une douzaine de fours, mais elle décroît de jour en jour. Il en est de même à Djerba où l'on fabriquait jadis les grandes jarres destinées à renfermer l'huile ou le vin, voire même le blé. On en fabrique encore à Guellala, dans le sud de l'île.

Citons encore parmi les autres industries indigènes : les menuisiers, serruriers, ciseleurs sur cuivre, forgerons, armuriers, tonneliers, bijoutiers, etc. Les menuisiers fabriquent des étagères, des tabourets et autres objets de fantaisie, comme ceux d'Alger. — Les armes de panoplies, fusils, pistolets, tromblons, sont l'œuvre des armuriers forgerons. — Les flambeaux, vases de toute sorte en cuivre, sont fabriqués par les ciseleurs. Les tonneliers fabriquent les foudres pour le vin. Enfin, les bijoutiers sont surtout recrutés parmi les israélites. A Tunis, cette industrie est très prospère, ainsi qu'à Sfax, Sousse et Djerba. Il existe aussi, à Kairouan, quelques ciseleurs d'art et chaudronniers qui tendent toutefois à disparaître.

Il y a aussi des fabriques de savons, principalement dans le Sahel. On en fait quelques-uns à Tunis, à Sfax, à Kairouan. — A Sousse, on compte une dizaine de savonneries, deux à Mahdia, deux à Monastir. Celles de Mahdia sont les plus importantes.

Si nous n'avons pas parlé jusqu'ici d'une des industries les plus prospères de Tunisie, la fabrication de l'huile, c'est qu'elle est presque entièrement aujourd'hui entre les mains des Européens. Quelques indigènes, cependant, possèdent des moulins à huile. Le Sahel, par exemple, compte encore 5 ou 600 huileries. Il y en a quelques-unes à Mahdia, à Monastir, à Sousse, à Djemmal, etc. On en trouve encore à Sfax environ 60, à Djerba 350, ainsi qu'à Gafsa et au Kef.

Voici, en quelques mots, comment se fait la fabrication: on rassemble les olives dans une chambre obscure, et on sépare chaque couche par une couche de sel. La macération dure environ trois ou quatre mois. Le fruit laisse, ainsi, échapper une partie de son eau et de son huile qui est reçue dans un réservoir. On met alors les olives dans un moulin qui n'est autre qu'une meule en pierre tournant dans une auge en pierre, comme les pressoirs à cidre. Le fruit et son noyau sont broyés ensemble. On presse le tout entre deux bois. Puis, le liquide se rend dans un récipient. L'huile monte à la surface de l'eau, et on la met dans des bonbonnes. Comme on le voit, la fabrication est des plus simples et l'huile d'excellente qualité.

Telles sont, à peu près, les principales industries indigènes.

Nous traiterons, plus tard, des industries européennes.

Agriculture. — Oléiculture. — Viticulture.

Après avoir abordé la question du commerce et de l'industrie, nous devons dire quelques mots de l'agriculture, et plus spécialement, de l'oléiculture et de la viticulture en Tunisie. Cela nous amène, forcément, à parler du sol et de la propriété.

Disons, tout d'abord, que lors de l'occupation, en 1881, les Français trouvèrent la Tunisie presque partout cultivée, sauf dans le Sud où il existe encore quelques terrains abandonnés, à cause de leur mauvaise qualité. Cela tient à ce que le droit musulman reconnaît le droit de propriété privée, ainsi que le droit romain. Bon nombre de propriétés n'ont donc pas changé depuis l'époque romaine. D'autres sont restées dans l'indivision, selon l'intérêt des parties, mais c'est l'exception. Les propriétés varient d'étendue, selon les contrées et les climats. Elles peuvent être classées en trois parties distinctes : le Nord, le Centre et le Sud.

C'est la grande propriété qui occupe le plus d'étendue en Tunisie. Elle existe, surtout, dans le bassin de la Medjerdah, de l'oued Miliane, et dans la presqu'île du cap Bon, mais, dans ces propriétés, il faut toujours distraire la partie cultivable de l'autre partie du domaine. Les propriétés les plus nombreuses sont celles où l'on cultive deux ou trois cents hectares par an. La plupart des domaines ont été démembrés, à la suite de confiscations effectuées par le Bey qui faisait passer certaines propriétés de moyenne grandeur entre les mains du même propriétaire ; quelquefois, aussi, ce démembrement divisait la propriété en plus petites parcelles. Il est facile, par-là même, de constater que le pays est plus peuplé là où existent les petites propriétés. Ainsi, sur toute la côte de Bizerte, à Hammamet, de même que dans les environs de Tunis, de Tébourka et du Kef, il existe une population très nombreuse. Au contraire, la partie de la régence occupée par la grande propriété est pour ainsi dire déserte. La moyenne propriété ne peut exister, dans le centre, à cause de la culture des céréales qui est nulle, mais il est à remarquer, depuis quelques années, que le centre des petites propriétés s'est déplacé. Elles ont quitté le Nord pour se porter vers le Sud.

La petite propriété existe encore dans les oasis où la terre se trouve fécondée par les irrigations. Là, les jardins, si petits qu'ils soient, ont une très grande valeur, à cause de la culture, non seulement des légumes et des céréales, mais encore du figuier, du palmier, des oliviers. Il en est de même dans la partie des Ksours où l'on peut semer des céréales et planter des arbres.

Donc, au point de vue de la classification des propriétés, on peut établir deux distinctions : au Nord, les grandes étendues de terres labourables de 2 à 300 hectares, la moyenne propriété de 50 hectares environ, et le modeste verger de 1 à 5 hectares. Puis, au Sud, les immenses propriétés de 5,000 à 100,000 hectares. Il faut ajouter les domaines de l'État et des habous qui constituent des propriétés moyennes dans le Nord, et très grandes dans le Sud. Il y a, en outre, une grande partie de terres vacantes dans l'intérieur, et même dans le Nord, et qu'il est facile d'acquérir de l'État.

Ces quelques préliminaires posés, au sujet de la propriété, examinons quelles peuvent être les ressources de la Tunisie, au point de vue de la colonisation.

Nous avons dit qu'il existait une certaine quantité de terres vacantes, possédées, ainsi que d'autres, par l'État, indépendamment de celles qui appartiennent à des particuliers. L'État vend ses terres, comme les particuliers.

Le colon arrivant en Tunisie aura donc le choix pour l'achat d'un terrain. Il va sans dire que le prix varie, comme partout, suivant la qualité des terres. En dehors du contrat de vente ordinaire, il existe un autre contrat appelé Enzel, en usage pour les biens habous. Il consiste en une rente que le preneur s'engage à payer au bailleur, c'est-à-dire à la congrégation. Moyennant cette rente, le vendeur a la jouissance du fond, et peut vendre, lui-même, le droit à l'enzel.

Le colon peut, alors, exercer la culture de différentes manières. Il peut cultiver, lui-même, avec des ouvriers qu'il paie, ou il peut abandonner la culture à des métayers indigènes qui lui donnent une partie de la récolte et des fruits, comme cela se pratique dans certaines parties de la France. M. Chailley-Bert, secrétaire général de l'*Union agricole française,* dans un article fort bien rédigé, donne, à ce sujet, d'excellents conseils à nos futurs colons. Nous les engageons vivement à en prendre connaissance et à les mettre à profit.

En supposant que le colon cultive directement ses terres, avec auxiliaires payés, il peut avoir recours à des hommes payés ou à la journée, ou à la tache, ou à l'année, ou bien encore utiliser certains colons partiaires, appelés Khammès. Le propriétaire fournit la terre, les semences, les bœufs, la charrue, et le khammès donne son travail. En conséquence, ce dernier a droit au cinquième de la récolte moyenne. Cette moyenne est calculée sur un ensemble de trois années.

En ce qui concerne les travailleurs à la journée, les uns sont moissonneurs, les autres laboureurs. Les laboureurs gagnent de 0 fr. 80 à 1 fr. 20, sans indemnité de nourriture. Les moissonneurs, de 1 fr. à 2 fr., plus une indemnité de nourriture. Quant aux travailleurs au mois ou à l'année, ils sont, généralement, dressés à tous les travaux ; ils sont payés, suivant leurs capacités, de 120 à 240 fr. par an (environ 30 fr. par mois), sans autre indemnité. Enfin, il existe une autre classe de travailleurs qui se louent pour trois mois, pour les labours.

Si l'on suppose le cas du colon cultivant avec des indigènes qui lui donnent une partie de la récolte et des fruits, il aura plus de ressources parmi les Européens ; ou bien il pourra recourir à des métayers qui feront avec lui un contrat. Les contrats les plus en usage sont appelés, l'un : contrat de Khamessa, l'autre : contrat de Mrharça. Nous avons dit plus haut ce qu'était le khammès ; c'est un homme qui travaille au service du propriétaire et a droit au cinquième de la récolte. Mais il arrive aussi que cet homme est pressé de toucher son argent pour payer de l'arriéré ou se mettre en ménage. Alors il prie le propriétaire de lui avancer cette somme et il lui donne son travail en échange. Le khammès se réserve le droit d'aller en journée quand il a fourni la somme de travail promise à son propriétaire. Toutes ces conditions sont réglées par le contrat de Khamessa.

Le contrat de Mrharça est spécial à la culture des oliviers. Le propriétaire fournit la terre au planteur appelé Mrharci, et ils s'entendent entre eux pour partager plus tard la propriété.

Quant au choix de la propriété que doit faire le colon, cela dépend beaucoup de la somme d'argent dont il peut disposer. Il faut avant tout que le colon apporte avec lui quelques capitaux, ne serait-ce qu'une dizaine de mille francs pour songer à acheter un petit domaine. S'il pouvait disposer de vingt ou trente mille francs, ce serait encore préférable. C'est alors dans le nord de la régence qu'il aurait le plus de chances de réussir. Il pourrait y faire de la vigne et des céréales.

Le colon qui peut disposer de sommes plus importantes aura forcément plus de choix et trouvera des terres de meilleure qualité. Il peut acheter des propriétés dans plusieurs parties de la Tunisie. Dans le nord il cultivera les céréales et la vigne. Dans le sud ou le Sahel il aura des cultures d'oliviers, d'orangers ou de citronniers, etc. Quel que soit le parti auquel le colon s'arrête, nous ne pouvons que l'engager à aller se rendre compte *de visu* dans le pays, en prenant lui-même ses informations. Il peut s'adresser également à l'administration et à la délégation de l'Union coloniale française qui s'empressera de lui fournir tous les renseignements désirables.

Puisque nous avons été amené à parler de la culture de l'olivier, disons de suite que la Tunisie a été, de tout temps, même sous les Romains, la grande terre de culture des oliviers. Détruits en grande partie par les différentes invasions, ils ont été replantés sur tous les points de la régence, qui compte aujourd'hui plus de dix millions de pieds. Nous ne pouvons mieux faire que de nous reporter au compte rendu fait à ce sujet par M. le vicomte de Lespinac-Langeac, président de la Chambre mixte de commerce du sud de la Tunisie.

On peut les diviser en trois groupes : ceux du Nord soumis à l'impôt de la dîme ; ceux du Sahel et de Sfax soumis à l'impôt Kanoun. Le Kanoun est une taxe fixe par pied d'arbre. La dîme est prélevée sur la récolte. Les oliviers du Nord sont loin d'être les plus prospères. Leur état d'infériorité provient de plusieurs causes : d'abord de leur plantation défectueuse, mais surtout de la négligence de ceux qui les administrent, notamment pour la partie constituée en habous.

Les oliviers du Sahel sont disséminés sur le littoral de Sousse, Monastir et Mahdia. Les olives y sont de très bonne qualité, grâce aux soins apportés à la culture et à la taille des arbres. Les olives sont aussi ramassées soigneusement. Les oliviers de Sfax comptent 1,200,000 pieds, mais 500,000 sont de plantation récente, remontant seulement à une dizaine d'années. Ils sont absolument prospères et cela tient principalement à ce que l'air et la lumière circulent entre eux, l'alignement ayant été très régulier. On récolte aussi les olives à la main et avec soin. Une grande partie de ces plantations a été faite par association et par contrat de M'gharcia. Ce genre de contrat, ainsi que la mise en vente des terres sialines dont nous avons déjà parlé, ont contribué à augmenter la prospérité des oliviers de Sfax. Tout dernièrement encore, un lot de 30,000 hectares a été donné à la Compagnie des phosphates de Gafsa et du chemin de fer de Sfax à Gafsa. Plusieurs Français ont essayé de planter eux-mêmes directement.

La culture de l'olivier est également pratiquée dans la région de Gabès et dans l'île de Djerba, ainsi que dans les contrôles de Gafsa et de Tozeur. On en compte aussi une certaine quantité à Béja, Souk-el-Arba, Le Kef, Maktar, Kairouan. Il faut y ajouter les oliviers domaniaux et habous qui sont malheureusement dans un état d'abandon regrettable, et dont l'administration commence à s'occuper depuis quelques années.

La qualité des olives diffère selon les contrées et la manière dont les pieds sont cultivés. Les espèces ne sont pas, non plus, les mêmes. Les plus appréciées sont : dans le nord les *ckitoui* et les *chemlali* dans le Sahel. Depuis l'occupation, les huiles ont augmenté de qualité grâce aux procédés employés par les Français pour leur fabrication. Ainsi les huiles européennes sont aujourd'hui cotées de 95 à 110 francs les 100 kilos, tandis que les huiles arabes ne dépassent pas 60 francs pour le même poids. C'est donc un encouragement pour nos compatriotes qui désireraient se livrer à ce genre de culture. Le grand inconvénient est que l'olivier ne commence à produire que vers sa dixième année de plantation. Cette culture n'est donc accessible qu'aux personnes auxquelles leur situation permet d'attendre patiemment les résultats.

Après la culture de l'olivier, la plus importante est celle de la vigne. Aussitôt après la conquête de la Tunisie, un grand nombre de colons français voulurent expérimenter ce genre de culture dans la régence, mais la plupart d'entre eux ne tardèrent pas à éprouver des déceptions. Disons de suite que cela tenait en grande partie à ce que la plupart des colons ne savaient ni cultiver la vigne ni fabriquer le vin.

En matière de culture de vignes, il est d'abord de toute nécessité de défoncer la terre assez profondément pour en extraire le chiendent. Il faut aussi savoir choisir les cépages qui conviennent à telle nature de terre, connaître les époques favorables à la taille et la façon de l'opérer ; enfin, apporter les remèdes voulus aux maladies, détails que les premiers colons ignoraient absolument. Ce fut là, on doit le dire, une des premières causes de leur insuccès et de leur découragement.

Sans prétendre faire ici un cours de viticulture qui n'est pas d'ailleurs de notre compétence, nous avons tenu à dire quelques mots des premières notions qui nous ont été données par de vieux colons et propriétaires d'Algérie, pays que nous avons parcouru à peu près en tous sens, notamment par M. Grellet, président de la Chambre d'agriculture d'Alger, que nous connaissons particulièrement. Il est de toute nécessité, d'après lui, de défoncer la terre avec soin. Il vaut mieux en effet ne planter que quelques hectares de vigne dans une terre bien défrichée que d'en planter le double dans une terre mal préparée. Mieux vaut également faire défoncer le sol à la main qu'avec la charrue et à une profondeur d'au moins 50 centimètres.

Quant aux cépages, il est difficile d'établir une règle absolue. Il arrive que certains cépages reconnus très bons dans un pays ne le sont pas dans un autre, la nature du sol étant différente. Ce n'est malheureusement qu'avec l'expérience que l'on peut arriver à un résultat satisfaisant. M. Grellet engage donc les colons, avant de planter, à s'entourer de tous les renseignements possibles, auprès de leurs voisins qui peuvent avoir expérimenté différentes espèces, depuis longtemps déjà. Nous nous bornerons à citer les principales espèces employées.

Comme cépages de vins blancs on plante surtout: le chasselas, le beldi, l'ugni, la clairette, le terret bouret. Comme vins rouges: le carignan, l'alicante, le mourvèdre et le cinsault. Les vieux praticiens engagent aussi les colons à bien planter ensemble les mêmes espèces et à ne pas les mélanger.

La taille de la vigne est également une question très délicate. Elle doit être faite par des hommes spéciaux du pays qui auront soin de laisser à chaque cep, une dizaine de porteurs, et non deux ou trois, comme on le fait généralement en France. M. Grellet, un des viticulteurs les plus considérés d'Algérie, nous disait encore dernièrement qu'il laissait quelquefois jusqu'à 15 porteurs à chaque cep, et ses vignobles sont très productifs et très appréciés.

Si les vignes de Tunisie ont été jusqu'ici à l'abri du phylloxera, on ne peut en dire autant des autres maladies. Les plus répandues sont l'oïdium et le mildiew. Les remèdes le plus généralement employés sont le soufre et la bouillie bordelaise.

La plus grande production des vins de Tunisie sont les vins rouges. Toutefois, depuis quelques années on y récolte aussi des vins blancs et du muscat.

Arrivons maintenant à la récolte. Il faut avant tout, pour arriver à une bonne vinification, choisir le moment opportun pour la vendange et celui où le raisin est mûr à point, ce qui n'est pas toujours facile, quand les raisins sont mélangés. Si on remarquait que certaines grappes fussent trop mûres, il faudrait y ajouter quelques grappes plus vertes. La première opération consiste à couper, comme en France, les grappes avec des serpettes, puis à les porter à l'aide de paniers ou de couffins dans des charrettes. Il faut avoir soin de ne pas les jeter trop fortement, afin d'éviter la fermentation, le raisin étant souvent très chaud au moment de la récolte.

Quelques mots enfin sur la manière de faire le vin. Pendant longtemps, on a dû tâtonner, en Algérie comme en Tunisie, avant d'arriver à la bonne qualité du vin. Cela tient d'abord au climat lui-même. La fermentation s'opérait dans de mauvaises conditions de température, et la construction des caves n'y était pas non plus étrangère. On a reconnu que les caves trop fraîches n'en étaient pas meilleures, et on a fini par adopter des chais construits au-dessus du sol et dans lesquels l'air peut se renouveler facilement.

Quand la cueillette est terminée, de nouvelles précautions sont encore à prendre pour refroidir les raisins. On peut le faire de plusieurs manières, en les plongeant simplement dans l'eau, et les exposant ensuite sur des planches aux courants d'air. Dans d'autres exploitations, les raisins sont arrosés le soir et exposés à la fraîcheur de la nuit. On les foule alors dès le lendemain.

L'opération du foulage varie également, mais elle consiste, surtout en Tunisie, à broyer le raisin à l'aide de fouloirs à cylindres et à bras. Quatre hommes suffisent pour chaque fouloir. On opère aussi le foulage au moyen de la turbine aéro-foulante de M. Paul de Cette.

Quant à la fermentation, elle a lieu dans des foudres en bois ou en ciment. Depuis quelques années, on emploie avec succès les cuves en ciment, surtout dans les grandes exploitations, telles que celles de MM. Grellet et Altairac que nous avons visitées à la Kouba, et à la maison carrée, près d'Alger. Ces cuves contiennent de 4 à 500 hectolitres, quelquefois davantage. Quand le raisin a été récolté à son véritable degré de maturité, le moût doit renfermer une égale proportion de sucre et d'acide. Pour que le moût soit dans de bonnes conditions, il faut qu'il renferme une acidité égale à 7 ou 8 grammes d'acide tartrique par litre, aussi doit-on la remonter quand elle n'atteint pas ce nombre de degrés. On y arrive à l'aide de bicarbonate de soude. On peut aussi employer le plâtre ou le phosphate de chaux. La température la plus favorable à la fermentation doit varier entre 27 et 30 ou 32°. Lorsque la levure perd de son activité pendant la fermentation, on aère le moût ou on y ajoute des levains que l'on prépare dans ce but. On arrive aussi à réfrigérer les moûts en y ajoutant de la glace avec du sucre, ou en faisant circuler de l'eau froide autour de la cuve ou dans l'intérieur même de la cuve, à l'aide de serpentins. Le système Baudelot est un des plus utilisés, ainsi que les réfrigérants à fascines. Pour réfrigérer les caves, on y arrive au moyen des courants d'air froids pendant la nuit.

Lorsque la fermentation est terminée, on décuve le vin dans des foudres en bois destinés à cet usage et qui doivent être de la plus grande propreté. Il est utile, en outre, de filtrer les vins pour les rendre plus susceptibles d'être conservés.

Nous avons visité, lors de notre premier voyage en Tunisie, les caves de M. Paul Potin, situées dans les environs de Tunis, et qui peuvent servir de modèle, à tous égards, aux viticulteurs. Ces caves se composent de deux étages; à l'étage inférieur se trouvent les pressoirs et les cuves, à l'étage supérieur sont les ustensiles et appareils pour le foulage. Cet étage se trouve de niveau avec le sol, de sorte qu'on y introduit directement le raisin apporté dans des petits chariots. Le raisin est ensuite foulé par une turbine, et conduit dans les cuves de fermentation par des tuyaux en bois. Quand les cuves sont pleines, on extrait une certaine quantité de jus et on remet le moût qui fermente ainsi. Les vins sont dirigés alors vers la cave qui est en sous-sol et contient des foudres et d'immenses citernes. On produit annuellement dans l'exploitation Potin plus de 25,000 hectolitres de vin. D'autres exploitations méritent aussi une visite, notamment celles de M. Pilter à Ksar-Tyr et de M. Crété, à Crétéville. Les vins s'y font sur une très grande échelle et sont cotés parmi les meilleurs de la régence.

Après l'oléiculture et la viticulture, nous passerons rapidement en revue les quelques industries européennes avant de décrire les grands travaux exécutés depuis quelques années par le protectorat.

Industries européennes.

Nous parlerons d'abord de la pêche. Les pêcheurs sont, en effet, très nombreux sur les côtes de Tunisie, et forment une industrie importante. La plus grande partie de ces pêcheurs habite sur les bords du golfe de Gabès, et un grand nombre à Djerba et aux îles Kerkennah. Le lac de Tunis, lui-même, est très poissonneux. On y pêche surtout des daurades, des mulets, des anguilles, des soles, mais la pêche a été adjugée par lots, depuis quelques années. — La pêche du thon est très répandue à La Goulette et à Sidi Daoud. Le passage de ces poissons a lieu vers le mois d'avril et attire sur les côtes beaucoup de pêcheurs siciliens. La pêche est plus ou moins fructueuse, selon les années. On vend, en moyenne, le thon salé, 50 francs les 100 kilos. L'île de Zimbra est fréquentée par de nombreux pêcheurs de sardines et d'anchois. On y pêche également des homards et des langoustes. Les environs du cap Bon sont très poissonneux, mais, la mer étant très mauvaise en cet endroit, les pêcheurs osent rarement s'y aventurer. C'est, seulement, de Khalibia jusqu'à Hammamet que les sardines et anchois sont en affluence, puis, de Hammamet à Sousse, la pêche est nulle. A monastir, se trouve un établissement de pêcheries de thon, ainsi qu'aux îles Kuriat où on pêche la sardine et le thon. A Mahdia, on pêche plus spécialement une sorte de sardine appelée allache. Ce poisson est salé et est expédié en Autriche et en Italie. Du cap Kadidja jusqu'à Gabès, la côte est remplie de pêcheries de toute sorte.

Les îles Kerkennah, comme nous l'avons déja dit, ne sont habitées que par des pêcheurs, mais c'est surtout dans le golfe de Gabès qu'on en rencontre le plus. Là, fourmillent, en effet, tous les poissons. On y prend des grondins, des mulets, des soles, des barbues, des raies, des congres, des maquereaux, des bars, des daurades, etc., etc., mais on y trouve peu de coquillages.

Les engins les plus employés pour la pêche sont des *dréins* ou pièges confectionnés en palmier, sur le modèle des *nasses*. Le poisson y est pris sans pouvoir en sortir. On appelle *cherfiat* la réunion de ces divers engins. Les bateaux dont se servent les indigènes s'appellent des *loudes*. On pêche aussi des huîtres de la grosse espèce appelées vulgairement pieds de cheval et des tortues de mer de dimensions considérables.

Le golfe de Gabès n'est pas moins riche en éponges dont les indigènes font un véritable commerce. On les vend de 10 à 15 francs le kilogramme. En Syrie, elles atteignent plus de 100 francs. Les Arabes et les Siciliens se servent, pour ce genre de pêche, du trident; les Grecs, de la drague appelée *gangava* ou du scaphandre. Les pêcheurs de Djerba plongent, comme les pêcheurs de Syrie. Ils portent un poignard à la ceinture, dans le cas où ils rencontreraient quelques requins. — L'industrie des éponges fait vivre plus de 1,500 pêcheurs et rapporte plus de 100,000 francs au gouvernement, sans compter les frais de douanes perçus en dehors.

Une autre industrie est celle de la poulpe ou pieuvre. C'est surtout entre Monastir et Mahrès, et dans le canal des Kerkennah, que cette pêche est la plus fructueuse. On les prend avec différents engins, trident ou autres, quelquefois au plongeon, quelquefois même avec des fagots de branches de palmier. On les prend à la main, quand l'animal vient à la surface de l'eau. On les tue, en les frappant à terre. On les dessèche et on les expédie en Grèce et en Autriche.

Parmi les industries d'importance secondaire, il faut encore citer celles des briqueteries et tuileries. On compte, en Tunisie, 18 briqueteries européennes. On fabrique dans ces différentes usines, des briques pleines ou creuses, des tuiles, des tuyaux, etc. On évalue à environ 130,000 francs la valeur de ces produits fabriqués.

Il y a aussi des chantiers de construction pour les foudres. Le gouvernement, afin de prouver son intérêt pour la viticulture, a exempté des frais de douane les bois et fers servant à fabriquer les foudres et fûts de toute sorte. Les prix des foudres diffèrent, bien entendu, selon les grandeurs. La contenance varie entre dix, vingt jusqu'à trois cents hectolitres. Le prix varie entre 5 fr. 50 et 10 francs l'hectolitre.

Citons encore, parmi les principales industries de la régence, les savonneries, fabriques d'essences, distilleries, fabriques de liqueurs, de glaces artificielles, sans compter les industries de l'imprimerie, lithographie, de la minoterie, du gaz, de l'électricité, des tramways et autres qu'il serait trop long d'étudier en détail.

Forêts.

Disons, maintenant, quelques mots des forêts :

Avant 1881, on s'occupait peu des forêts de la régence, et il n'existait pas de législation à ce sujet. Un décret du 14 mai 1870 déclarait, simplement, les fonctionnaires et les habitants responsables des incendies qui se seraient produits sur leurs territoires, mais, en 1882 et 1883, des missions forestières furent envoyées par le gouvernement français, ayant pour but l'exploitation des forêts de chêne-liège de Ghardimaou, et des environs du Kef, et le 28 juin 1883, on instituait une direction des forêts qui fut rattachée à la direction générale des travaux publics. Puis, un décret parut, le 11 novembre 1886, aux termes duquel le directeur général des travaux publics fut chargé de surveiller toutes les opérations relatives au service, et ayant sous ses ordres tout un personnel. Enfin, deux décrets des 20 août 1886 et 24 juin 1888 édictaient des mesures et des peines contre les incendiaires. Depuis cette époque, sont encore survenus plusieurs décrets, l'un au sujet de l'immatriculation (1er juillet 1885) ; l'autre rattachant le service des forêts à la direction de l'agriculture (13 janvier 1895). — Le personnel se trouve donc, aujourd'hui, sous la dépendance du Directeur de l'agriculture, et les nominations des agents sont faites par décret du Bey, sur la proposition du Directeur.

Les forêts se divisent en plusieurs groupes :

1° Le groupe de la Kroumirie orientale qui comprend les forêts de Tabarka, des Mekna, des Houamdia, des Amdoun;

2° Le groupe de la Kroumirie occidentale qui comprend les forêts de M'rassen, des Ouchteta et des Ouled-Ali ;

3° Le groupe de la Kroumirie centrale qui comprend les forêts d'Aïn-Draham, d'Oued-Zéen, Fernana, des Chichia;

4° Le groupe des forêts des Nefza, de Porto-Farina, des Mogad.

Les principales essences d'arbres de ces différentes forêts sont le chêne-liège, le chêne zéen, les chênes verts et les oliviers sauvages. Puis, d'autres massifs de forêts portent les noms de forêts de Zaghouan, de Nebeur, de Haïdra, de Maktar, de Thalah, de Fériana, de Chéba. Mais, les plus belles forêts sont, sans contredit, celles de la Kroumirie.

La Tunisie possède environ 80,000 hectares de chêne-liège. L'écorce sert à la fabrication du tan. On vend généralement ces arbres en adjudication publique. Le liège des jeunes troncs n'est guère utilisé que pour les filets de pêche. Quant au chêne zéen, qui atteint quelquefois des hauteurs de 25 à 30 mètres, on l'utilise surtout comme traverses de chemin de fer. Les autres essences d'arbres sont : l'olivier, l'orme, le frêne, utilisés pour le charronnage ou la menuiserie, ou bien on en fait du charbon ou du bois de chauffage. Quant au pin d'Alep, les indigènes l'utilisent pour la construction des terrasses de leurs maisons ; ils en font aussi des piquets de tentes et des ustensiles d'agriculture ; quelquefois, enfin, du tan et du goudron.

L'administration forestière s'est beaucoup préoccupée de l'exploitation des forêts de Tunisie. Pendant une période de dix années, de 1884 à 1894, une somme de 2,330,000 francs a été dépensée pour l'entretien et l'exploitation. En 1894, l'ensemble des dépenses a atteint 470,000 francs, tandis que les recettes dépassaient 690,000 francs. Il est à prévoir que, dans une dizaine d'années, le produit de la vente des lièges dépassera 600,000 francs. Disons, en terminant, que l'administration s'occupe aussi du reboisement, malgré les nombreuses difficultés qu'elle a rencontrées dans les années de sécheresse qui ont détruit bien souvent les jeunes sujets. Elle entretient, en outre, les massifs du Nord et du Centre et protège les oasis du Sud contre l'envahissement des sables. Elle remplit donc sa mission avec tout le dévouement désirable.

Géologie. — Mines. — Carrières.

De nombreux géologues faisant partie de la mission Cosson et Maubert, placée à la tête du service des mines, ont exploré la Tunisie. Depuis eux, plusieurs ingénieurs ont imité leur exemple et fourni à la science des documents d'une grande valeur.

Disons de suite qu'au point de vue géologique comme au point de vue géographique, la Tunisie est une dépendance de l'Algérie. On retrouve la même nature de sol dans les deux pays, de même que les massifs des montagnes sont la continuation les uns des autres. Ce sont notamment les massifs de l'Aurès et ceux de Tébessa qui pénètrent en Tunisie.

Les terrains sont en grande partie jurassiques. Les calcaires qui constituent la masse du Zaghouan sont généralement gris et très siliceux. Dans la partie Nord de la Tunisie, les terrains ne renferment pour ainsi dire pas de fossiles. Dans le Sud, au contraire, les fossiles abondent. Les terrains crétacés occupent aussi une grande partie du sol tunisien, mais nous ne pouvons nous étendre longuement sur ces différentes natures de terrain, notre étude devant porter principalement sur les mines et les carrières. En résumé, chacune des différentes parties de la Tunisie a ses produits minéraux ou agricoles. La Kroumirie, par exemple, est un pays de forêts. La Tunisie centrale constitue la partie la plus cultivée et la plus industrielle. La région du Sud renferme des gisements de phosphates et des eaux souterraines qui alimentent les oasis. La région du littoral constitue la culture de l'olivier.

Telle est la géologie de la régence dans ses grandes lignes. Nous allons dire dans quelles parties plus spéciales se trouvent les mines et les carrières, en exposant leur mode d'exploitation.

On trouve dans l'antiquité peu de traces de mines en Tunisie. Pendant longtemps, les recherches restèrent infructueuses et jusqu'en 1873 aucune exploitation n'avait été commencée. Cela tenait, paraît-il, à ce que les concessions avaient été accordées dans des conditions trop onéreuses. La mine de Djebba, concédée à cette époque à la Société des Batignolles, ne fut jamais exploitée, à cause des exigences du cahier des charges. Elle renfermait du plomb.

La seconde concession est celle du Djebel-Reças ; elle date de 1877 et appartient à une Société métallurgique italienne. Cette mine contient du plomb et du zinc. De grands travaux furent faits au début, mais ils furent suspendus en 1892.

Sept nouvelles concessions ont été accordées depuis l'établissement du protectorat. Citons d'abord la concession du Mokta-el-Hadid, qui date de 1884. Le terrain consiste en gisements de fer. La surface du périmètre concédé est de 1,270 hectares. Cette concession paraissait, au premier abord, avantageuse, mais l'entreprise a reculé devant les travaux considérables du port, à Tabarka, et d'une ligne de chemin de fer allant du lieu de l'exploitation à ce port, conditions qui lui étaient imposées par le cahier des charges. Il serait à désirer que ce cahier des charges fût revisé et que l'on arrivât à une entente.

Une autre concession a été accordée en 1884 au Comité d'études des mines de Tabarka, mais l'exploitation n'a jamais eu lieu, par les mêmes raisons qui ont arrêté la concession précédente. Cette mine renferme également du fer.

Vient ensuite la concession du Khanguet-Kef-Tout, accordée en 1888 à M. Faure. Cette mine de zinc est située sur la route de Béja à Tabarka et est en voie d'exploitation. La surface du périmètre concédé est de 1,086 hectares. L'exploitation se fait à ciel ouvert et les travaux souterrains à vingt-cinq mètres environ de profondeur. Une cinquantaine d'ouvriers travaillent à l'intérieur. Là, on transporte le minerai à la brouette et, au dehors, à l'aide d'un chemin de fer Decauville. L'exploitation est de 3 ou 4,000 tonnes par an. La tonne est cotée environ 80 francs sur le marché d'Anvers.

La mine de zinc de Sidi-Ahmed a été concédée, en 1892, à la Société royale asturienne. La surface du périmètre concédé est de 1,455 hectares. Cette mine est en voie d'exploitation. Les transports ont lieu, comme ceux de la mine de

M. Faure, par la gare de Béja où le minerai est porté à dos de chameau. La mine occupe environ 60 ouvriers. La production est de 3,500 tonnes de minerai calciné. Le prix de la tonne, en cours sur le marché d'Anvers, est de 90 francs.

La concession de Fedj-el-Adoub, accordée à M. Faure, date de 1894. Sa surface est de 336 hectares. C'est une mine de zinc comme les précédentes. Elle est située à 20 kilomètres de Téboursouk. L'exploitation a lieu à ciel ouvert. Le triage se fait à la main. Le minerai est transporté par chameaux à la gare de Béja. Cette mine est considérée comme une des plus importantes de la Tunisie. On extrait par an environ 7,500 tonnes de minerai brut, produisant 2,500 tonnes de minerai calciné.

La mine de zinc de Zaghouan a été concédée à la Société des mines de Zaghouan en 1894. La surface du périmètre concédé est de 2,217 hectares. Elle touche le village de Zaghouan. Le minerai se compose de carbonate de zinc. On y trouve aussi du minerai silicaté. Cette mine occupe une centaine d'ouvriers. Les travaux ont lieu à ciel ouvert et dans des galeries souterraines. Les transports se font par un Decauville. On débite annuellement environ 5,000 tonnes de calamine calcinée. La valeur du minerai est de 80 francs.

La mine d'El-Akhouat a été concédée en 1896 à M. de Montgolfier. Deux fours de calcination existent déjà et on a découvert environ 10,000 tonnes de calamine. — Enfin, plusieurs concessions sont en voie d'instance. Ce sont pour la plupart des mines de plomb et de zinc, quelques-unes de cuivre.

Nous arrivons maintenant aux carrières qui ont été réglementées en Tunisie par un décret de 1893. Elles appartiennent, d'après ce décret, aux propriétaires du sol, mais comme ces carrières se trouvent situées la plupart du temps dans des terrains incultes qui sont la propriété de l'État, c'est ce dernier qui fait droit aux demandes d'autorisations d'ouverture. L'autorisation est généralement accordée pour cinq ans.

Les plâtres sont très abondants en Tunisie. On en trouve à Ghardimaou et à Béja, ainsi qu'au Djebel-Ahmar où il y en a des collines entières. Ce plâtre est tellement dur en certains endroits qu'on peut l'utiliser comme pierres dans les constructions.

Les marbres sont également assez fréquents en Tunisie. Nous devons citer en première ligne les marbres de Chemtou, exploités déjà par les Romains, et que nous avons décrits plus haut, lors de la visite des ruines de cette ville. La carrière a été malheureusement abandonnée, surtout depuis 1890, à cause des veines de fer et de calcaires qui traversent les marbres et les rendent très cassants.

Les autres carrières disséminées dans la régence sont celles du Djebel-Azir, du Djebel-Klab, du Djebel-Djdidi, dans le Nord, et dans le Sud, les carrières du Koudiat-Haméimat et du Djebel-Dissa.

La Tunisie possède en outre des carrières de pierres de construction et des usines de chaux hydraulique situées à Hammam-Lif. On y trouve encore des gisements de phosphates, notamment à Gafsa. Ils forment deux groupes, dont l'un dans le centre se relie aux phosphates de Tebessa; l'autre allant de Gafsa jusqu'à l'Aurès, en Algérie. Ce fut M. Thomas, vétérinaire de l'armée, qui découvrit le premier les phosphates de Gafsa, en 1885. Ces phosphates seront prochainement exploités par une société française à laquelle cette concession a été donnée en 1896. Les travaux de recherches auxquelles elle s'est livrée, lui ont fait découvrir déjà près de 50 millions de tonnes. Comme autres gisements moins importants, signalons ceux de Kalaa-ès-Senam, près de Tebessa et de Kalaa-Djerda à quelque distance des premières; enfin ceux de Thala.

Comme on le voit par ce court exposé, il reste encore beaucoup à faire en Tunisie pour l'exploration des mines et carrières qui constitueront dans l'avenir une richesse pour le pays, en permettant d'utiliser nombre d'ouvriers indigènes et européens.

Organisation administrative de la Tunisie.

Pour terminer l'étude succincte que nous avons résolue d'écrire sur la Tunisie, il nous reste à exposer les réformes opérées jusqu'ici par le protectorat dans les différentes administrations de la Régence et de décrire les grands travaux publics exécutés par la France dans ce pays, depuis son occupation par nos troupes.

Rappelons en effet que le 21 mai 1881, le général Bréart, après avoir sollicité une audience de S. A. le Bey de Tunis, lui soumettait de la part de notre ministre des affaires étrangères, un traité d'après lequel la France, en prenant la Tunisie sous son protectorat, s'engageait à respecter et à maintenir la dynastie beylicale, ainsi que l'intégralité du territoire de la Régence. Après avoir pris conseil de son entourage, S. A. le Bey de Tunis acceptait le jour même le protectorat de la France, et ce traité fut ratifié, le 27 du mois de mai, par le gouvernement français.

Le rôle de la France étant ainsi établi, sa première préoccupation devait être de prendre en main les intérêts de ce nouveau pays où il y avait tant à faire et que des révoltes successives avaient pour ainsi dire conduit à la ruine. Cette mission était d'autant plus délicate que S. A. le Bey restait, d'après les termes mêmes du traité, le souverain de la Régence, que les actes de son gouvernement continuaient à être faits en son nom ; que, de plus, la France s'engageait à assurer sa sécurité personnelle et celles de ses États.

Mais là ne devait pas s'arrêter le protectorat. Les conventions de 1881 et 1883 furent suivies de lois qui organisèrent un régime administratif permettant à l'État protecteur de marcher de front avec le gouvernement tunisien, dans le but d'assurer la prospérité et la tranquillité de la Régence. Le Bey, continua à gouverner, mais ce fut par le conseil des ministres que le budget des recettes et dépenses dut être arrêté. Deux de ces ministres devaient être indigènes, les autres français. Les ministres indigènes désignés furent le premier ministre du Bey, cumulant l'Intérieur et la Justice et le ministre de la Plume, placé à la tête de la Justice indigène. Pour la France, le premier ministre devait être le Résident général, premier fonctionnaire de la Régence et cumulant les fonctions de ministre des affaires étrangères avec celles de président du conseil. L'autre ministre ou ministre de la guerre était le général commandant le corps d'occupation. Les différents chefs des services techniques devaient également faire partie du conseil.

Nous venons de dire que le premier fonctionnaire était le Résident général. Ajoutons qu'à ce titre, et au nom du Président de la République française, il est chargé de promulguer les lois tunisiennes et d'en surveiller l'application ; qu'il a de plus, sous ses ordres, tous les chefs de services français, ainsi que les commandants des troupes de terre et de mer. Il a auprès de lui un Résident adjoint, pour le seconder au besoin. Des contrôleurs civils, disséminés dans la Régence, sont chargés de surveiller les indigènes et doivent, en même temps, tenir le Résident général au courant de ce qui se passe dans leur circonscription respective. Les caïds continuent à administrer les tribus, à toucher les impôts, mais sous la surveillance des contrôleurs. La Tunisie comprend treize contrôles et chaque contrôle surveille souvent plusieurs caïds.

Telle est l'organisation de l'administration en Tunisie. Sous cette habile direction du protectorat, la Régence est entrée dans une ère de tranquillité et le gouvernement du Bey a pu rétablir l'ordre dans ses finances ; il a pu aussi améliorer les impôts, convertir deux fois la dette et la rendre amortissable. Il a pu, à l'aide des réserves qu'il a accumulées, construire les ports de Tunis, Bizerte, Sfax et Sousse, élargir le réseau des routes et chemins de fer, répandre l'enseignement et augmenter la richesse commerciale, etc.

Quelques mots maintenant sur l'administration indigène :

Les caïds rendent la justice, de concert avec le cadi. Certains délits et certaines affaires personnelles mobilières sont aussi de leur compétence, ainsi que les contraventions de police. — Le cadi remplit plutôt les fonctions de juge, de notaire et d'officier de l'état-civil. Tous deux sont nommés par le Bey. Ils n'ont pas d'autre code que le Coran, mais certains crimes et délits n'étant pas de leur compétence sont portés devant les tribunaux qui siègent auprès du Bey. L'un s'appelle l'Orezara, l'autre, le Châraa. Le premier est le tribunal pour ainsi dire laïque ; l'autre le tribunal religieux. Quand le tribunal laïque s'est prononcé en matière criminelle et a condamné le coupable à être pendu, la sentence s'exécute de suite au Bardo et en présence du Bey.

Quelques mots sur l'armée indigène :

C'est Ahmed-Bey qui organisa, en 1837, une armée régulière, sur le modèle français. Cette armée était composée d'environ 10,000 hommes et on dépensa une si forte somme, pour l'organiser, que le budget ne pouvait plus suffire à son entretien. Force fut de la licencier en 1856. — Mohammed-Saddok résolut de la reconstituer ; il fonda l'école militaire du Bardo et fit paraître une loi sur le recrutement. Mais l'entretien de cette armée coûtait encore trop cher et il fallut la réduire à 200 hommes. L'école militaire fut aussi licenciée et lors de l'occupation, l'armée régulière ne comptait plus que 1,725 hommes et 754 officiers. C'est à grand'peine que le Bey actuel, en 1881, put composer une colonne pour combattre la tribu révoltée des Oulad-Ayar. Enfin, l'armée entière fut complètement licenciée en 1883, et remplacée par la garde beylicale composée de 600 hommes. Cette garde est formée d'un bataillon d'infanterie, un peloton de cavalerie, trois sections d'artillerie, une musique. Elle comprend trente-deux officiers. Cette petite troupe est instruite à la française et les commandements se font dans la même langue. La dépense nécessaire à son entretien s'élevait, en 1896, à 615,000 francs. Les jeunes gens soumis au recrutement sont appelés de 18 à 22 ans. Ils tirent au sort et servent deux ans; ils peuvent se faire remplacer. On recrute de la même façon, non seulement la garde beylicale, mais les 1,620 hommes qui font partie du corps d'occupation, le 4e tirailleurs, le 4e spahis, les 26 marins du service des ports et les 8 cavaliers de la ghaba chargés de garder les olivettes.

Le corps d'occupation comprend en outre : le 4e zouaves, le 4e chasseurs d'Afrique, le 13e d'artillerie, le 3e bataillon d'Afrique, le 4e bataillon d'infanterie légère d'Afrique, en tout, près de 15,000 hommes dont 566 officiers et les 600 hommes de garde beylicale. Un général de division les commande. De plus, un croiseur est en station navale.

Nous venons de dire que l'armée tunisienne avait dû être licenciée à plusieurs reprises, par suite du manque de fonds. Cela nous amène forcément à parler de l'état des finances dans ce pays.

Le gouvernement tunisien ayant contracté des emprunts successifs, et n'ayant pu tenir les engagements qu'il avait pris, avait dû émettre des billets qui augmentaient sa dette de jour en jour. Une commission internationale fut d'abord nommée pour apurer les comptes, mais elle était à peine organisée, en 1881, lorsque survint le protectorat. C'est alors que le gouvernement français, par la loi du 10 avril 1884, prit l'engagement de garantir un emprunt de 42 millions 1/2, en rente perpétuelle, à 5 pour 100, destiné à rembourser la dette consolidée s'élevant à 125 millions, et la dette flottante montant à 17,550,000 francs.

Une commission financière fut d'abord instituée, mais

elle fut supprimée en 1884. Depuis ce moment, la Tunisie administre elle-même ses finances, sous la surveillance d'un Directeur qui est un français. Ce directeur prépare le budget qui est examiné en Conseil des Ministres, approuvé par le Ministre des affaires étrangères et présenté au Bey qui rend un décret.

Par une statistique établie, le directeur des finances constate que, du 13 octobre 1884 au 31 décembre 1894, la somme totale des recettes ordinaires s'est élevée à 225 millions, celle des dépenses ordinaires et extraordinaires à 194 millions 1/2, soit un excédent de 30 millions 1/2 dont 24 millions 1/2 ont été affectés à des travaux publics extraordinaires. Il restait donc 6 millions disponibles. Ajoutons que les dépenses concernant le Protectorat ne sont pas comprises dans le budget tunisien.

Voilà, en quelques mots, l'organisation de l'armée et des finances tunisiennes.

Organisation judiciaire.

En dehors de l'organisation administrative, il importait qu'il existât une justice pour les Français. Par une loi du 27 mars 1883, un tribunal de première instance et six justices de paix furent créées ; celles-ci dépendent de la cour d'Alger. Depuis 1887, un autre tribunal a été créé à Sousse, plus dix justices de paix, dont deux à Tunis, les autres à Bizerte, au Kef, à Souk-el-Arba, à Grombalia, à Kairouan, à Sousse, à Sfax et à Gabès. Les juges de paix ont la juridiction étendue, comme en Algérie. Il est à supposer que le nombre des tribunaux sera encore accru, la nécessité s'en faisant sentir. Ainsi, il résulte d'une statistique, qu'en 1883, le tribunal de Tunis, qui n'avait jugé que 433 affaires et prononcé 23 référés, avait prononcé, en 1894, 3,600 jugements et 2,027 référés. Les tribunaux exercent la justice civile, correctionnelle et commerciale; ils sont aussi compétents en matière administrative. Ils jugent également au criminel.

Il y a un bureau d'assistance judiciaire, auprès de chacun des tribunaux. Le procureur de la République le préside.

Les magistrats, comme ceux d'Algérie, sont nommés par le Président de la Républiquee, sur la proposition du Ministre de la Justice. Les magistrats sont assistés par des interprètes.

Deux commissaires-priseurs existent à Tunis, un à Sousse, un autre à Sfax.

Les fonctions de notaires sont remplies par les contrôleurs civils, et le service de la caisse des dépôts et consignations est fait par les officiers payeurs de l'armée.

Il n'y a pas de tribunaux de commerce proprement dits. Ce sont les tribunaux de première instance qui les remplacent. Les juges de paix jugent aussi certaines affaires qui, par leur chiffre, sont de leur compétence.

Organisation municipale.

Plusieurs villes ont aujourd'hui une municipalité : ce sont Tunis, La Goulette, Bizerte, Sousse, Sfax, Le Kef, Mahdia. Le décret du 1er avril 1885 en règle le fonctionnement. D'autres villes sont administrées par une commission municipale. Ce sont : Kairouan, Monastir, Gabès, Nabeul, Béja, Houmt-Souk, Souk-el-Arba. Les conseils municipaux sont composés d'un président indigène, d'un vice-président français et d'un nombre à peu près égal de conseillers européens et indigènes.

Nous terminerons cette étude sommaire sur la Tunisie par l'exposé des grands travaux publics exécutés par le protectorat et la description des principaux services publics organisés depuis l'occupation.

Grands travaux publics exécutés en Tunisie depuis 1881.

La Tunisie, en 1881, était absolument dépourvue de routes et, pour ainsi dire, de voies ferrées. Il existait simplement une ligne de chemin de fer de Tunis à Ghardimaou, une autre de Tunis au Bardo, et la ligne de Tunis à La Marsa et à La Goulette. Enfin un ingénieur français avait restauré, sur une longueur d'environ 100 kilomètres, les anciens aqueducs destinés à amener l'eau à Carthage. En outre, trois phares existaient sur le littoral.

Tout était donc, pour ainsi dire, à créer. Ce fut une des premières préoccupations du protectorat d'organiser un service de routes. En 1883, une direction générale des travaux publics fut instituée. Elle était composée d'un ingénieur en chef des ponts et chaussées, ayant le titre de directeur général, de six ingénieurs ordinaires, un ingénieur des mines, et environ deux cents agents secondaires assurant ainsi les quatre services des ponts, des mines, le service topographique et le service de la police de la navigation et des pêcheries maritimes.

De cette administration centrale dépendent la préparation des décrets et règlements qui ont trait aux travaux publics, le personnel, la comptabilité, le contentieux, les rapports avec la résidence générale, les approbations de projets de toute nature, etc., etc.

L'administration du domaine public est aussi dans les attributions du directeur général.

Le service des ponts et chaussées se subdivise en plusieurs services qui sont : le service ordinaire, le service maritime, le service des phares, des bâtiments civils, le service hydraulique, le service municipal.

La régence est divisée en cinq arrondissements, au point de vue du service : les arrondissements de Tunis-Ouest et Tunis-Est, l'arrondissement de Sousse, l'arrondissement de Sfax, l'arrondissement de Gafsa.

C'est à Gafsa que réside l'inspecteur chef du service des forêts rattaché, comme nous l'avons dit, à l'agriculture par décret du 15 janvier 1895.

En ce qui concerne les ports maritimes, disons qu'au moment de l'occupation il ne restait aucune trace importante des anciens ports de l'époque romaine. Aujourd'hui la Tunisie doit avoir dix-sept ports ouverts au commerce. Les quatre grands ports principaux sont ceux de Tunis, Bizerte, Sfax et Sousse, actuellement terminés ou à peu près. Celui de Sfax a été ouvert officiellement le 24 avril dernier. Un des ports destinés à l'avenir le plus brillant est celui de Bizerte, grâce à sa situation géographique. C'est le trésor tunisien qui a fait entièrement les frais de ce port, ainsi que ceux de la ligne de chemin de fer le reliant à Tunis. C'est également le gouvernement du Bey qui a payé les premières dépenses occasionnées par le port de Tunis, soit une somme de 13,500,000 francs. Ces travaux ont été mis en service le 28 mai 1893. Dès cette époque, les bateaux pouvaient entrer dans les bassins par un long chenal creusé dans le lac. L'achèvement, ainsi que l'exploitation de ces trois ports de Tunis, Sfax et Sousse, ont été concédés à une société anonyme. La totalité des frais pour les ports de Sousse et de Sfax seront à la charge du concessionnaire qui pourra se couvrir des intérêts de ses avances par la perception des taxes autorisées. C'est également la même société qui supportera les dépenses du port de Tunis, à part les 13,500,000 francs payés par le trésor tunisien. Les dépenses du port de Sousse en voie d'exécution doivent s'élever à 4,500,000 francs. Le port de Tunis est déjà à l'heure actuelle très prospère. Il a un mouvement annuel de plus de 270,000 tonnes de marchandises et 50,000 passagers. Le port de Sfax ne donne lieu qu'à un mouvement annuel de 40,000 tonnes, mais le voisinage des phosphates de chaux de Gafsa lui assurent un chiffre annuel de 300,000 tonnes.

Les autres ports de la Régence sont ceux de Djerba, Gabès, Mahdia, Monastir, la Skira, Hammamet, Zarzis, Kelibia, Nabeul, Porto-Farina, Tabarka. Malheureusement, ces ports ne sont pas accessibles aux gros navires.

Quant aux phares, ils sont au nombre de onze, sans compter les trois phares existant précédemment; plus, vingt-neuf feux de port et dix bouées lumineuses. Ces travaux ont occasionné une dépense d'environ 1,500,000 francs; et les travaux des balises, une somme de 60,000 francs.

En ce qui concerne les routes, nous avons dit que tout était à faire lors de l'occupation. Avant 1883, il n'existait que les routes de Bab-el-Kadra au Bardo, et de Bab-Sidi-Abdallah au Bardo. Il existait en outre des pistes suffisantes en été, impraticables en hiver, et encore n'étaient-elles abordables que pour des voitures à deux roues. Quelques ponts anciens existaient sur les fleuves, mais la plupart étaient en ruines. Aujourd'hui, de nombreuses routes sont ouvertes à la circulation ; d'autres sont en voie d'exécution. J'ai pu me convaincre, personnellement, du progrès réalisé pendant l'espace des quatre années qui se sont écoulées entre mes deux voyages en Tunisie.

Le réseau des routes dépassait, déjà, 1,400 kilomètres à la fin de l'année 1896. Il comporte les voies de Tunis à Sfax, de Tunis à Grombalia, de Tunis à Zaghouan, de Tunis au Fas, de Tunis au Kef, de Tunis à Bizerte, sans compter la banlieue de Tunis ; du Kef à Tabarka, de Sousse à Djéma, de Sousse à Kairouan, de Sousse à Moknine, de Sousse à Mahdia ; enfin, la banlieue de Sousse. 13 millions de francs environ ont été consacrés à la construction de ces routes. Les charges d'entretien sont d'environ 600,000 francs, mais les prestations en nature s'élèvent à 400,000 francs. On utilise, aussi, les anciennes pistes, en établissant, à certaines distances les unes des autres, des réservoirs d'eau pour les animaux, et des bordjs pour les voyageurs. Il n'existe pas d'autres voies de communication dans le Sud de la Régence. Les pistes les plus fréquentées et les mieux entretenues sont celles qui vont de Gafsa à Gabès, à Sfax, à Tozeur et à Tébessa. Citons encore celles de Gabès à Médenine et à Tatouine.

En ce qui concerne les chemins de fer, en exploitation ou en construction, il est nécessaire de les classer en trois groupes :

1° Le réseau garanti par le gouvernement français et qui se compose de :

La ligne de Tunis à Souk-el-Arba et prolongements ;

La ligne de Tunis à Hammam-lif ;

La ligne de Béja-gare à Béja-ville ;

2° Le réseau tunisien qui ne jouit d'aucune garantie d'intérêts, comprenant :

La ligne de Tunis à Zaghouan, avec embranchement sur la plaine de Fahs ;

La ligne d'Hammam-lif à Nabeul, avec l'embranchement de Menzel-bou-Zelfa ;

La ligne de Sousse à Kairouan, de Sousse à Mokenine ;

La ligne de Kalaa-Sira à Enfidaville, avec prolongements ;

3° Le réseau italien : Tunis-Goulette ; Aouina-Marsa ; Goulette-Marsa ; Tunis-Bardo.

La ligne de Tunis à Dachla-Djandouba (Souk-el-Arba) fut concédée à la compagnie de Batignolles, le 6 mai 1876. Cette concession était de 50 ans, sans subvention, de la part du gouvernement tunisien qui fournissait simplement les terrains.

Le 11 janvier 1877, la concession fut accordée à la Compagnie Bône-Guelma se substituant à la Compagnie des Batignolles, et elle fut ratifiée par le Parlement.

Le 27 janvier 1878, le gouvernement tunisien concédait le prolongement de cette même ligne, jusqu'à la frontière algérienne. Cette même Compagnie de Bône-Guelma obtenait, le 20 décembre 1880, la concession des lignes de Tunis au Sahel et de Djedéida à Bizerte, et commençait de suite la première partie de cette ligne, de Tunis à Hammam-lif.

Enfin, le 2 avril 1885, la ligne de Béja-gare à Béja-ville fut concédée à ladite Compagnie.

Le réseau français comprend environ 220 kilomètres, et le réseau tunisien 415 kilomètres. Comme le réseau précédent, il a été concédé à la Compagnie Bône-Guelma.

Des difficultés sont venues entraver, pendant un certain temps, la construction du réseau tunisien, mais elles sont aujourd'hui aplanies. La ligne de Tunis à Sousse est livrée à l'exploitation, depuis le 7 novembre 1896, et la ligne de Djédeida à Bizerte fonctionne depuis l'année 1894.

Quant au réseau italien, il fut concédé d'abord à une Compagnie anglaise, puis, racheté aux enchères, en 1880, par la Compagnie Florio Rubattino. Le réseau italien ne comprend que 34 kilomètres.

Concurremment avec les routes et les chemins de fer, le Protectorat songea à doter la ville de Tunis et la Régence, en général, des bâtiments publics les plus indispensables. Il fallut d'abord songer à installer les principales administrations dans des locaux provisoires, et à en construire d'autres mieux aménagés pour les différents services. Le capital de neuf millions destinés à ces constructions a permis, jusqu'ici, d'élever 10 établissements scolaires, 20 abattoirs, 30 bâtiments de douane, 17 halles ou marchés, 11 hôtels de contrôles civils, 7 gendarmeries, 7 hôtels des Postes et Télégraphes, 9 prisons et une vingtaine d'autres bâtiments. Nous dirons quelques mots de ces différentes constructions et de l'état des bâtiments civils, avant 1881.

Aucun bâtiment de ce genre n'existait en Tunisie, avant l'occupation, à l'exception des résidences des Beys. Il est, en effet, de tradition qu'un Bey nouvellement nommé n'habite pas la demeure du Bey auquel il succède. L'hôtel de la Résidence existait depuis 1860, mais il a été presque entièrement reconstruit, et restauré dans certaines parties, de 1890 à 1892 ; il en est de même de la Résidence générale, à La Marsa, à laquelle un pavillon a été ajouté en 1887.

La Direction générale des travaux publics a commencé par faire élever les bâtiments scolaires les plus indispensables. Il faut citer, d'abord, le lycée de Tunis et l'école secondaire des jeunes filles parfaitement aménagés. D'autres écoles plus simples ont été construites, à Souk-el-Arba, au Kef, à Aïn-Draham, Djedéida, Mahdia, etc.

Il fallut songer, aussi, à construire des abattoirs, établissements de première nécessité dans une ville d'une certaine population. Tunis possède donc un abattoir très important, depuis 1888. Il est situé en dehors des murs et comprend trois divisions distinctes. Une partie est réservée aux chrétiens ; une autre aux musulmans ; une autre aux israélites ; mais, dans ces différents quartiers, tous les animaux sont abattus d'une façon identique. On les saigne généralement au cou. D'autres abattoirs existent à La Goulette, à Sousse, à Sfax, au Kef, ces derniers construits par les municipalités. Ceux de Béja et de Nabeul ont été payés par l'État.

Tunis n'ayant pas, non plus, d'hôtel des Postes, cette construction s'imposait. Ce bâtiment est très beau et fait honneur à son architecte. Il a été élevé de 1889 à 1891 ; il réunit tous les services. Les services de la poste, du télégraphe, du téléphone, des colis postaux, de la caisse d'épargne sont installés au rez-de-chaussée. Au premier étage se trouvent la direction et la bibliothèque ainsi que le logement du receveur principal. — D'autres hôtels des postes existent aussi à Sfax, Bizerte, Souk-el-Arba, Béja.

Des constructions sont aussi destinées à servir de demeures aux contrôleurs civils de Kairouan, Grombalia, Maktar, Sousse, Souk-el-Arba, Houmt-Souk et Sfax. On songe à élever des bâtiments de même nature, à Gabès, Gafsa, Kasserine ; certains d'entre eux sont, aujourd'hui, achevés.

Des gendarmeries ont été bâties à Sousse, Souk-el-Arba, Grombalia. On a aménagé d'autres immeubles pour loger les gendarmes de Bizerte, du Kef, de Gafsa. Deux prisons ont été construites, en 1893, à Kairouan et à Sousse.

Les douanes comptent, à l'heure actuelle, vingt-cinq bâtiments nouveaux. Enfin, des halles et marchés couverts ont été établis à Sousse et dans plusieurs autres localités, soit aux frais du trésor, soit aux frais des municipalités. Comme on le voit, tous les principaux services publics sont installés d'une façon relativement confortable, sur tous les points de la Régence.

En dehors de ces bâtiments de première nécessité, le Protectorat a fait exécuter d'autres travaux considérables, au point de vue de l'assainissement, de l'alimentation des villes et des intérêts agricoles. Aujourd'hui, la ville de Tunis reçoit l'eau potable, comme chacun le sait, par l'aqueduc qui amenait jadis les eaux de Zaghouan à Carthage. Dès 1859, le gouvernement du Bey avait décidé la restauration de l'aqueduc en question, et les eaux du Zaghouan étaient déjà distribuées, à l'aide de bornes-fontaines, dans tous les quartiers de Tunis, mais, depuis l'occupation, l'administration dut se préoccuper de réorganiser le service des eaux. Ce service ainsi que celui du gaz passèrent de l'autorité tunisienne entre les mains d'une société anonyme.

Par une convention du 25 octobre 1884, M. Durand, de Paris, concessionnaire, s'engageait à faire mettre en état tous les ouvrages et à exécuter ces travaux jusqu'à concurrence d'une somme de 1,500,000 francs. A la suite d'une convention signée le 25 septembre 1889, qui abrogea celle de 1885, l'abonnement de 30 francs pour usages domestiques donna droit à 200 mètres cubes d'eau par an. Pour usages industriels, le prix fut fixé à 360 francs pour 2,400 mètres cubes d'eau. Pour les irrigations, le prix du cube d'eau fut fixé à 0 fr. 15, avec engagement d'en percevoir pour 270 francs minimum. Par une autre convention, en date du 4 février 1891, la compagnie s'engageait à conduire l'eau jusqu'à Radès. En 1883, la direction générale se préoccupa de faire venir l'eau à Kairouan, et se livra à des études dans ce but. On résolut de capter les eaux de Chérichera, et, depuis quatre ou cinq ans, Kairouan est alimenté d'eau potable par 14 bornes fontaines et 3 abreuvoirs. — Depuis 1894, Sousse jouit aussi d'excellente eau captée dans l'oued Laya, et la ville de Sfax, qui n'était alimentée que par l'eau de pluie, possède actuellement un service d'eau potable captée à la source souterraine de l'oued Sidi-Salah.

Il en est de même de Bizerte et de Gabès qui sont alimentées d'excellente eau de source et dont le volume d'eau a dû être récemment augmenté à la suite de travaux supplémentaires.

On peut donc dire que les principales villes de la Régence sont en véritable voie d'assainissement, non seulement par leurs eaux potables, mais par l'installation d'égouts. — Le lac de Tunis, en particulier, qui répandait jadis des odeurs fétides, par les fortes chaleurs, a été lui-même assaini et ne présente plus cet inconvénient. A Bizerte, Kairouan, Sousse, Gabès, les égouts doivent être aussi installés à l'heure actuelle.

Enseignement public.

Il nous reste à traiter la question de l'enseignement public dans la Régence. On peut le diviser, de suite, en deux branches ; l'enseignement musulman et l'enseignement français.

Il va sans dire que le Coran sert de base à l'instruction arabe. Les élèves apprennent à lire et à écrire, sous les ordres d'un maître appelé Moueddeb. Il y a environ 108 écoles musulmanes à Tunis. Les unes sont des écoles coraniques spéciales, mais certaines écoles ne sont autres que les mosquées ou les zaouïas. L'enseignement donné dans les mosquées est plus étendu que les autres. On y apprend aux enfants la grammaire, la rhétorique, la logique, la littérature, l'histoire, l'arithmétique, la théologie et l'interprétation du Coran. C'est la grande mosquée qui est le centre de l'étude la plus sérieuse. Quatre fonctionnaires forment le personnel de l'administration : le Cheikb-Elislam ou grand Pontife, président ; le Bach Mufti Maleki, vice-président ; le Cadi Hanéfi ; le Cadi Maleki. Il y a aussi 31 professeurs titulaires, 13 chargés de cours, et 67 maîtres auxiliaires.

Les cours de la grande mosquée se font depuis le lever jusqu'au coucher du soleil. Les jeudis et vendredis sont considérés comme jours de repos. Il y a interruption, également, les jours de fêtes, pendant le rhamadan, ainsi que pendant deux mois de vacances. Les étudiants doivent passer au moins sept ans à la grande mosquée, après quoi ils subissent un examen appelé *tétoui* qui leur ouvre les portes de plusieurs carrières. Ces examens sont très difficiles.

On suit aussi des cours dans d'autres mosquées de la ville. Les étudiants qui suivent les cours de la grande mosquée sont ordinairement logés en ville, dans des medraças, sortes de maisons de fondation pieuse. La direction de ces maisons est réglementée par un décret du Bey. Les jeunes gens fréquentent encore assiduement les bibliothèques installées dans les mosquées. Ils sont généralement rangés et studieux. Cet enseignement musulman que nous venons de décrire représente, en Tunisie, l'enseignement supérieur, mais, à côté de cet enseignement que le Protectorat a tenu à respecter, la direction de l'enseignement a eu à cœur de créer une chaire spéciale de langue arabe pour les Européens. Les fonctionnaires français, les officiers, les colons fréquentent ces cours, étant par leurs fonctions appelés à tenir conversation avec les indigènes.

Le collège Sadiki, fondé en 1876 par le bey Sadiki, est aussi ouvert exclusivement aux musulmans. Le protectorat exerce un contrôle sur ce collège, par l'intermédiaire d'un conseil d'administration composé de huit membres. On y est admis au concours. L'enseignement y est donné dans sept classes. On s'y prépare généralement aux administrations et au fonctionnarisme. Enfin le collège Alaoui est ouvert aux Français, comme aux indigènes. C'est là que se forment les instituteurs de la Tunisie. Les élèves y sont très nombreux. En 1896, on en comptait 542. Ils sont soit externes libres, soit surveillés, ou demi-pensionnaires et pensionnaires. Ils passent trois ans et plus à l'école.

Disons maintenant quelques mots de l'enseignement français spécial et de sa situation avant l'occupation.

La première maison d'éducation, ouverte à toutes les nationalités fut créée, en Tunisie, en 1845, par l'abbé Bourgade. Elle comprenait trois professeurs.

En 1855 et 1859, deux écoles de frères de la doctrine chrétienne furent ouvertes à Tunis. En 1876, le gouvernement tunisien fonda, comme nous l'avons dit, le collège Sadiki. En 1878, fut inaugurée la grande école de l'alliance israélite. En 1880, Mgr de Lavigerie fit construire le collège Saint-Louis de Carthage; en 1882, ce collège fut transféré à Tunis et s'appela collège Saint-Charles. Enfin, en 1894, le lycée de Tunis prit le nom de Lycée Carnot.

Pour les filles, l'école la plus ancienne de Tunis remonte à 1845, et fut fondée par les sœurs de Saint-Joseph de l'Apparition. Elle existe encore aujourd'hui. Il y a des maisons de même ordre à Bizerte, à La Goulette, à Sfax, à Sousse, à Monastir, à Mahdia et à Djerba. Au moment de l'occupation, il y avait, dans la régence, vingt maisons congréganistes et quatre laïques (le collège Sadiki et les trois écoles de l'alliance israélite).

Examinons maintenant quel était le nombre des établissements en 1896. Il était de 109, ainsi qu'une récente statistique l'a établi. Nous avons omis de dire aussi que pour donner une instruction plus sérieuse aux jeunes filles européennes, une école secondaire de jeunes filles avait été créée à Tunis. Elle est surtout destinée à former des institutrices pour les écoles laïques, de même que le collège Alaoui forme les instituteurs. Dans cette école secondaire, il y a différentes classes : il y a la classe maternelle (garçons et filles au-dessous de 4 ans) ; l'école enfantine (garçons et filles de 4 à 6 ans), et des classes primaires, pour les filles au-dessus de 7 ans.

Les classes secondaires n'ouvrent leurs portes qu'aux élèves pourvues du certificat d'études primaires. Ces classes comprennent cinq années d'études. Pendant trois ans, les élèves se préparent au brevet élémentaire et, pendant deux ans, au brevet supérieur.

L'enseignement primaire, au contraire, dans les écoles publiques de Tunisie, comprend la lecture, l'écriture, le français, l'arithmétique, la géographie, la comptabilité, la géométrie, l'histoire de France, la physique, le dessin, la musique, etc. Le programme est à peu près le même qu'en France. Le personnel enseignant doit avoir les mêmes titres que celui de la métropole. Ces fonctionnaires sont de plusieurs sortes.

Il y a : 1° les professeurs qui figurent dans les cadres français, et sont mis, par le ministère de l'Instruction publique, à la disposition du gouvernement tunisien, tels le personnel de l'école secondaire de jeunes filles, l'Inspecteur primaire et le personnel du collège Alaoui ;

2° Les fonctionnaires appelés de France, mais cessant de figurer sur les cadres français ;

3° Le personnel recruté sur place.

Les fonctionnaires de l'enseignement primaire et les maîtres élémentaires de l'enseignement secondaire sont nommés et révoqués par le Directeur de l'enseignement.

Les professeurs de l'enseignement secondaire sont nommés et révoqués par le Premier ministre. Les chefs des établissements secondaires et les professeurs de l'enseignement supérieur sont nommés et révoqués par Son Altesse le Bey.

Un mot pour terminer sur le lycée Carnot. On peut dire que c'est un modèle comme installation matérielle ; il en est de même au point de vue hygiénique. Il est situé au centre du quartier européen, dans la partie la plus saine de la ville; aussi est-il devenu très prospère et compte-t-il aujourd'hui plus de 400 élèves. Ce sont des instituteurs qui sont chargés de l'enseignement élémentaire et de l'enseignement primaire.

Pour l'enseignement secondaire, le programme est le même que dans les lycées de la Métropole. L'enseignement est basé sur celui de France, en tenant compte toutefois des usages et des besoins du pays. Ainsi, après la troisième, les élèves peuvent choisir la section normale, commerciale ou agricole.

Les candidats aux baccalauréats peuvent subir l'épreuve écrite à Tunis ; pour la partie orale, ils la passent à Constantine ou Alger, suivant les sessions. Telle est, à grands traits, la situation du lycée Carnot.

Il existe aussi à Tunis une bibliothèque française dont M. le Résident général a la surveillance. Elle ne pourra que prospérer sous la haute direction de M. Millet, qui est à la fois un érudit et un lettré. Le nombre des volumes dépasse déjà 5,000.

Le collège Alaoui possède aussi sa bibliothèque, ainsi que le lycée Carnot et le collège Sadiki. Il y a, en outre, la bibliothèque populaire, fondée par le Comité régional de l'alliance française. Enfin, plusieurs musées renfermant d'importantes collections existent dans les différents établissements d'instruction.

Quant à la langue arabe, que beaucoup d'Européens désirent apprendre, l'étude leur en est facilitée par des cours publics. Ces cours sont de trois sortes. Il existe un cours d'arabe parlé qui comprend deux années ; un cours élémentaire d'arabe régulier ou de grammaire arabe ; enfin, un cours supérieur de langue arabe préparatoire à l'examen du diplôme supérieur.

Sociétés diverses.

On compte également en Tunisie un grand nombre de Sociétés de différente nature, charitables et autres. Nous citerons parmi elles : l'Alliance française, l'Union des femmes de France, la Société des dames de charité, la Société française de bienfaisance chrétienne. Puis viennent : la Société des anciens élèves de l'école centrale, l'Union franco-arabe, etc.

Nous dirons quelques mots sur la plus importante : l'Alliance française. Chacun sait que cette Société s'occupe de créer des écoles, d'y encourager l'étude de notre langue, ainsi que l'entrée de nos écoles et de nos bibliothèques. Elle organise des fêtes et des conférences. Son Comité régional a créé à Tunis l'œuvre des cantines scolaires et les bibliothèques populaires.

L'Union française de la jeunesse s'occupe de l'organisation de cours d'adultes du soir, où l'on enseigne la peinture, la sculpture, l'architecture, la géographie, l'arithmétique, l'algèbre, la langue arabe et anglaise. Enfin, l'Institut de Carthage a pour but de répandre l'étude des sciences historiques et géographiques, des sciences physiques et naturelles, des lettres et des arts. Il existe aussi à Tunis deux Sociétés de gymnastique.

Il serait injuste de passer sous silence le personnel préposé au service des antiquités et des arts. Nous avons dit qu'il existait plusieurs musées ou collections, tels que le musée de Carthage, le musée Alaoui. Le musée du Bardo s'est enrichi des nouveaux sujets de sculptures et des mosaïques trouvées dans les différentes ruines de Dougga, Oudna, Sousse, Bizerte, Leinta. Un service d'inspection a remplacé l'ancienne direction. Il se compose d'un inspecteur, d'une inspecteur-adjoint, d'un secrétaire et d'un chaouch. Le musée Alaoui a été doté d'un conservateur, d'un gardien et d'un gardien adjoint. Le service de cette inspection s'occupe de dresser un inventaire de toutes les richesses archéologiques découvertes dans la régence. Signalons, en terminant, l'installation de 21 postes météorologiques, dont le but est de signaler la température et la direction des vents, sans compter le service météorologique des ports.

Postes et Télégraphes.

Si nous avons décrit un peu trop à la hâte et au courant de la plume les différents services organisés par le protectorat, il en est un sur lequel nous ne saurions trop insister, celui des postes et des télégraphes. Ce service est d'autant plus intéressant à étudier que son histoire est liée, pour ainsi dire, à celle du pays et de l'expédition de Tunisie, pendant laquelle les indigènes se montrèrent surtout rebelles à l'installation des lignes télégraphiques.

Il faut noter d'abord qu'avant l'occupation le service postal se trouvait dans un état d'abandon complet. En 1847, une ligne de paquebots assurait, deux fois par mois seulement, le service de la correspondance entre Tunis et la France. En 1854, cette ligne eut un courrier par semaine; cela dura ainsi pendant plus de vingt ans. Dans l'intérieur de la Régence, c'était bien autre chose. Un courrier seulement existait entre Tunis et Sousse, et était fait par un piéton, lequel desservit plus tard Sfax, Monastir et Mahdia. La régence ne possédait aucun autre moyen de faire parvenir les lettres à destination. Voilà pour le service de la poste.

En 1847, époque de l'inauguration d'une ligne de paquebots bi-mensuels, le bey Si-Ahmed songea à faire installer des télégraphes aériens. On créa, au début, une ligne entre Tunis, le Bardo et La Goulette. En 1859, on posa les premiers fils électriques entre le Bardo, La Goulette et Le Kef, pour rejoindre les lignes d'Algérie. En 1862, Sousse et Sfax étaient pourvus d'un bureau, mais les installations télégraphiques portaient déjà ombrage aux indigènes, qui coupèrent les fils et arrachèrent les poteaux. En 1863, ils détruisirent entièrement la ligne de Sousse et Sfax, attaquant les employés et les surveillants. La ligne fut rétablie en 1864, mais fut de nouveau détruite ainsi que les autres lignes.

Le Kef était alors en insurrection. Enfin, le bureau de Sousse est ouvert après une interruption d'un an, et celui de Sfax après une interruption de deux ans et demi. Arrivent ensuite la famine, le typhus et le choléra qui dévastent tout le pays. On n'a d'autre ressource que de correspondre par l'intermédiaire de l'Algérie, le câble de Marsala lui-même ayant cessé de fonctionner le 4 septembre 1869. Enfin, en 1871, les spahis, révoltés en Algérie, interrompent les communications entre la Tunisie et l'Algérie. En 1874, un bureau est ouvert à Béja. En 1878, une ligne relie Sfax à Gabès et à Djerba. En 1879, un bureau est ouvert à Porto-Farina. En 1880, on inaugure la ligne de paquebots entre Tunis et Tripoli de Barbarie, et c'est de cette époque que date l'installation des bureaux de poste sur la côte et la fusion des deux services de la poste et du télégraphe.

On voit, par le récit qui précède, quelles difficultés ont eues à traverser les premières installations. Mais, les choses ne devaient pas en rester là. Lors de l'entrée des troupes en Tunisie, en 1881, les indigènes recommencent leurs attaques contre le télégraphe. Le 22 juin, ils détruisent la ligne de Sfax à Gabès. Le 28 du même mois, les habitants de Sfax, Gabès et Djerba se révoltent. C'est alors que Sfax fut bombardé et que la ville fut prise d'assaut par les troupes françaises, pour ainsi dire sans coup férir. La ligne télégraphique de Tunis à Sousse est alors saccagée et ce n'est que le 15 décembre qu'elle peut être rétablie, ainsi que celles de Mahdia, Sfax et Gabès, qui le sont quelques jours plus tard. Mais ces lignes étant insuffisantes pour les besoins des troupes, on installe les grandes lignes de Tébessa à Gabès, de Tunis à Kairouan, Gafsa et Tozeur, de Kairouan au Kef.

— Sousse, Sfax, Gabès, Djerba et Zarzis sont reliés ensemble par les câbles submergés. En 1883, on achève tout ce réseau télégraphique et le service passe des militaires aux civils. Ces derniers prennent possession des onze bureaux militaires.

A dater de ce jour, le service prend une extension considérable et l'office tunisien se met à la tête du service. Il existait alors 25 recettes et 8 distributions de postes desservies par des courriers. Le service télégraphique comprenait 26 bureaux. En quelques années, le nombre des recettes atteint 64, puis 115. Le réseau télégraphique s'accroît également de 43 bureaux. Le 19 février 1893 est posé le câble entre Tunis et Marseille.

Deux nouveaux services, celui des téléphones et des colis postaux vinrent bientôt s'ajouter aux autres. C'est là ce qui décida la construction d'un hôtel des postes à Tunis où devaient être centralisés tous ces services. Cet hôtel fut achevé en 1891. Il est éclairé aujourd'hui à la lumière électrique. L'office tunisien s'est appliqué à donner un nouvel essor à cette administration, tout en réalisant des abaissements de taxe. Il a augmenté le trafic des colis postaux, triplé les opérations des caisses d'épargne, etc. Aussi, est-ce une satisfaction très grande pour les agents même des postes et télégraphes, d'avoir obtenu un pareil résultat dû à leurs efforts. Le gouvernement du protectorat a tenu à récompenser un grand nombre d'entre eux en les appelant à des fonctions plus importantes dans la Régence.

Enfin, ce que nous avons dit au début de cette étude, nous le répéterons en terminant. Si la Tunisie est aujourd'hui prospère, elle le doit principalement à l'intelligente et sage administration de ses Résidents généraux qui ont su gouverner d'un commun accord avec S. A. le Bey de Tunis, en respectant les mœurs et les coutumes des populations musulmanes.

Ainsi que le dit d'ailleurs M. E. Levasseur dans un article publié par lui sur l'œuvre administrative de la France en Tunisie : « Il ne saurait exister entre ces populations et les « Français aucune barrière de haine que font naître trop « souvent le sang versé et les confiscations. La population « tunisienne n'a pas eu de longues guerres à soutenir contre « les armées françaises et elle n'a pas été conquise par la « France. Elle n'a fait que suivre son souverain qui accep- « tait notre protectorat. Le peuple tunisien reçoit ses lois de « S. A. le Bey de Tunis qui est le même que par le passé. « C'est lui qui rend la justice et c'est en son nom que l'impôt « est levé. Ce peuple a conservé sa religion et il est, comme « autrefois, administré par ses caïds, ses cheikhs, ses cadis. « La France doit donc être d'autant plus respectée que sa « main ne pèse pas directement sur ce peuple et que ses « chefs s'inclinent devant elle. »

On ne saurait, à notre humble avis, mieux définir la situation et nous estimons, avec M. E. Levasseur, que la tranquillité ne peut cesser de régner en Tunisie tant que nous continuerons à respecter les institutions de ce pays. Le protectorat a donné jusqu'ici à peu près ce qu'il pouvait donner et nous sommes persuadés qu'il s'efforcera encore avec le gouvernement du Bey de perfectionner, s'il est possible, tous les rouages des différentes administrations. La France s'est d'ailleurs engagée envers le Bey par un traité, comme le Bey s'est engagé envers nous. Nous nous sommes présentés à lui et à son peuple comme des amis venus, non pour dominer, mais pour civiliser le pays. Notre dignité et notre honneur nous commandent de rester fidèles à notre mission pacifique et nous n'y faillirons pas.

TABLE DES MATIÈRES

CHARTRES. — IMPRIMERIE DURAND, RUE FULBERT.

CHARTRES. — IMPRIMERIE DURAND, RUE FULBERT

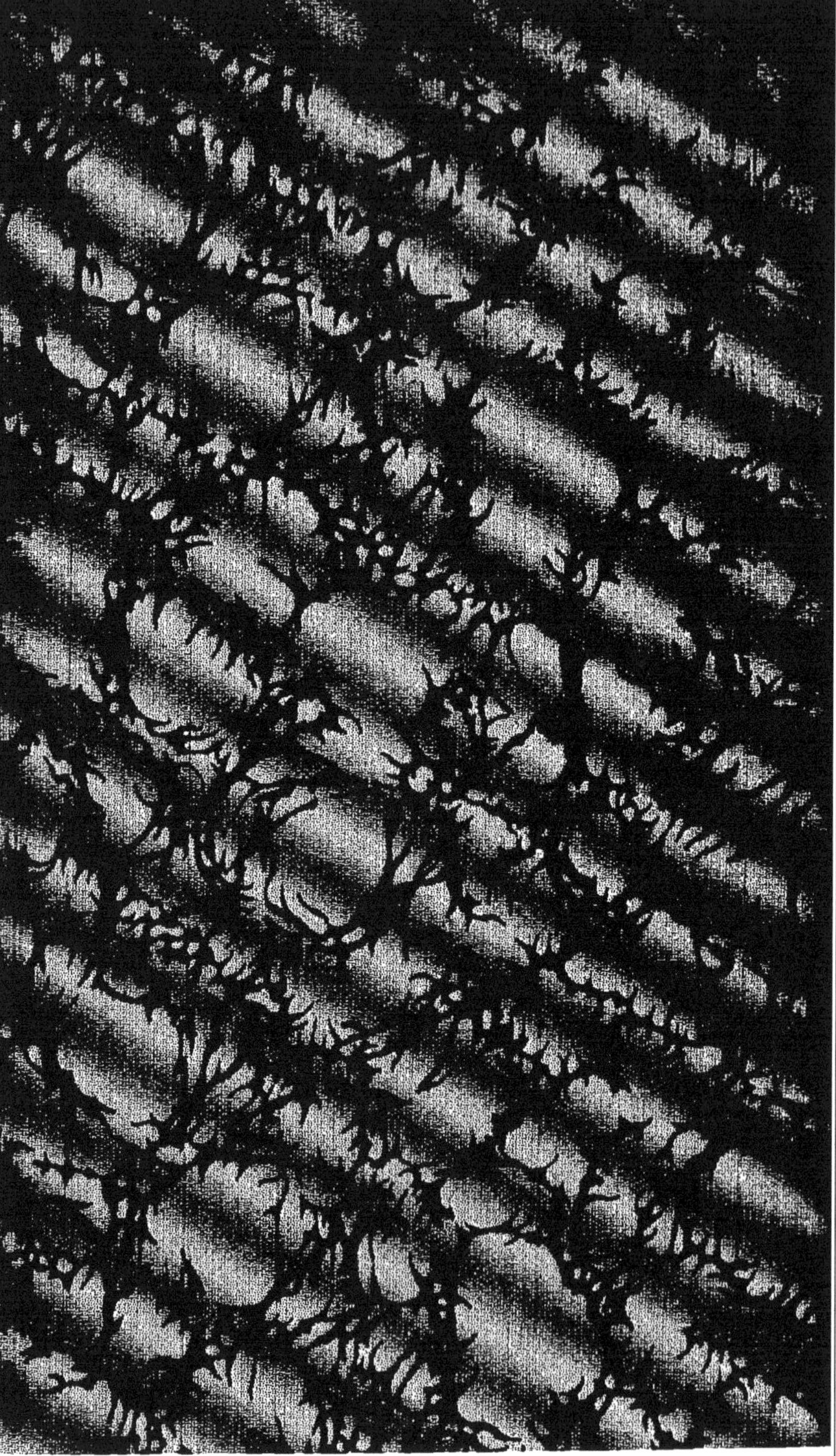

www.ingramcontent.com/pod-product-compliance
Ingram Content Group UK Ltd.
Pitfield, Milton Keynes, MK11 3LW, UK
UKHW012211240726
13966UKWH00002B/704